高等职业教育土木建筑类专业教材

建筑装饰制图
（第 2 版）

主　编　聂立武　齐亚丽　李东侠
副主编　朱晓丽　黄　磊

北京理工大学出版社
BEIJING INSTITUTE OF TECHNOLOGY PRESS

内 容 提 要

本教材第2版依据建筑装饰制图最新标准规范进行编写,详细阐述了建筑装饰制图的有关规定以及绘制与识读建筑装饰施工图的要求和方法。全书主要内容包括建筑装饰制图基础,投影基本知识,点、线、面的投影,立体投影,建筑装饰剖面图和断面图,轴测图与透视图,房屋建筑施工图,建筑装饰施工图等。本教材结合大量实例对建筑装饰制图理论知识进行阐述,具有很强的实用性。

本教材既可作为高职高专院校建筑装饰工程技术专业的教材,也可供建筑装饰工程设计、施工、监理人员参考。

版权专有　侵权必究

图书在版编目(CIP)数据

建筑装饰制图/聂立武,齐亚丽,李东侠主编. —2版. —北京:北京理工大学出版社,2015.3(2021.1重印)

ISBN 978-7-5682-0310-4

Ⅰ.①建…　Ⅱ.①聂…　②齐…　③李…　Ⅲ.①建筑装饰—建筑制图　Ⅳ.①TU238

中国版本图书馆CIP数据核字(2015)第041182号

出版发行 / 北京理工大学出版社有限责任公司	
社　　址 / 北京市海淀区中关村南大街5号	
邮　　编 / 100081	
电　　话 / (010)68914775(总编室)	
(010)82562903(教材售后服务热线)	
(010)68948351(其他图书服务热线)	
网　　址 / http://www.bitpress.com.cn	
经　　销 / 全国各地新华书店	
印　　刷 / 北京紫瑞利印刷有限公司	
开　　本 / 787毫米×1092毫米　1/16	
印　　张 / 14.5	责任编辑 / 张慧峰
字　　数 / 325千字	文案编辑 / 张慧峰
版　　次 / 2015年3月第2版　2021年1月第5次印刷	责任校对 / 周瑞红
定　　价 / 38.00元	责任印制 / 边心超

图书出现印装质量问题,请拨打售后服务热线,本社负责调换

第2版前言

近年来，我国为适应建筑业的发展需求，在认真总结工程实践经验、广泛调查研究的基础上，参考有关国际标准和国外先进标准，对建筑制图相关标准进行了修订。本教材第1版自出版发行以来，在相关高职高专院校的教学活动中受到了师生的好评，也暴露了一些缺点，我们根据使用本教材的一线师生的反馈意见以及热心读者的宝贵意见，组织有关专家学者对本教材进行了修订。

本次修订延续了第1版的知识结构，参照国家、行业最新的建筑制图标准，在第1版教材的基础上做了部分修改与充实，并对第1版中的错漏之处进行了修订，以使修订后的教材能更好地满足高职高专院校教学工作的需要。

本次修订的主要内容如下：

1. 重新编写了各章的学习目标和能力目标，力求更准确地概括各章的要点，进而明确各章应掌握的实际技能。

2. 重新编写了各章小结，补充、修改了各章的复习思考题。第1版教材的课后习题较为简单，本次修订在第1版的基础上重新编写了课后习题，丰富了习题形式，使其更具有操作性和实用性，有利于学生在课后进行总结、练习。

3. 根据《房屋建筑制图统一标准》（GB/T 50001—2010）、《建筑制图标准》（GB/T 50104—2010）、《房屋建筑室内装饰装修制图标准》（JGJ/T 244—2011）、《建筑电气制图标准》（GB/T 50786—2012）、《暖通空调制图标准》（GB/T 50114—2010）等最新制图标准对教材中相关制图规则和图例进行了修改，以使教材中的知识更加准确，符合行业技术的发展需求。

本教材由辽宁建筑职业学院聂立武、吉林工程职业学院齐亚丽、吉林铁道职业技术学院李东侠担任主编，济源职业技术学院朱晓丽、吉林工程职业学院黄磊担任副主编。具体编写分工为：聂立武编写第一章、第七章，齐亚丽编写第二章、第三章，李东侠编写第五章、第六章，朱晓丽编写第八章，黄磊编写第四章。

本教材在修订过程中参阅了国内同行的多部著作，部分高职高专院校的老师提出了很多宝贵意见供我们参考，在此表示衷心的感谢！对于参与本教材第1版编写但不再参与本次修订的老师、专家和学者，本版教材所有编写人员向你们表示敬意，感谢你们对高等职业教育改革所做出的不懈努力，希望你们对本教材保持持续关注，多提宝贵意见。

限于编者的学识及专业水平和实践经验，修订后的教材仍难免有疏漏或不妥之处，恳请广大读者指正。

编　者

第1版前言 PREFACE

　　建筑装饰施工图是表达建筑装饰工程设计意图的重要手段，是工程管理人员进行管理、施工人员进行施工的依据。建筑装饰制图与识图是从事建筑装饰行业的设计、施工、管理的工程技术人员所必须掌握的基本知识。本教材主要以《房屋建筑制图统一标准》（GB/T 50001—2001）、《建筑制图标准》（GB/T 50104—2001）为依据进行编写。通过本教材的学习，学生可了解国家制图标准的有关规定，掌握各种投影法的基本理论，具备基本绘制和阅读建筑装饰专业工程图样的能力。

　　本教材共分为8个项目，项目1建筑装饰制图基础，介绍了图幅、比例、字体、线型和尺寸标注的有关规定，常用绘图仪器和工具的使用方法，以及简单几何作图的方法；项目2投影的基本知识，介绍了投影的基本概念以及分类，三面投影图的形成及其相互之间的对应关系，以及透视图、轴测图、正投影图的概念及基本绘图原理；项目3点、线、面的投影，介绍了点的三面投影，空间两点的相互位置关系，重影点的判定方法，各种位置直线的投影规律，两直线的相互位置关系，平面的表示方法，以及各种位置平面的投影规律；项目4立体投影，介绍了平面立体与曲面立体的投影特性，平面与立体相交其截交线的求作方法，两立体相贯的相贯线求作方法，以及用形体分析法画组合体视图的方法；项目5建筑装饰剖面图和断面图，介绍了剖面图、断面图的形成、分类以及绘制方法；项目6轴测图与透视图，介绍了正等轴测投影和正面斜二测投影的基本概念，正等轴测图、正面斜二测图的画法，透视图的基本规律，以及平面立体透视图的画法；项目7房屋建筑施工图，介绍了建筑总平面图、平面图、立面图、剖面图的内容、绘制及识读方法；项目8建筑装饰施工图，介绍了装饰平面图、装饰立面图、装饰详图的绘制方法，以及建筑装饰工程典型结构图和设备安装施工图的识读方法。

　　本教材在编写上以"必需、够用"为原则，以"讲清概念、强化应用"为主旨，以"学习目标""教学重点""技能目标""本章小结""复习思考题"等模块为形式，具有概括、实用、清晰、全面、系统、易懂等特点，并在讲解理论知识的同时，穿插有大量例题分析，以便于学生掌握各种制图的方法与技巧。

　　本教材由赵方欣、黄瑞芬、李东侠主编，冯平娟、李光辉任副主编，张春柳也参与了图书的编写工作。教材编写过程中参阅了国内同行的多部著作，部分高职高专院校老师也对编写工作提出了很多宝贵的意见，在此表示衷心的感谢。

　　本教材既可作为高职高专院校建筑装饰工程技术专业的教材，也可供从事装饰装修设计施工工作的相关人员参考使用。限于编者的专业水平和实践经验，教材中疏漏或不妥之处在所难免，恳请广大读者批评指正。

编　者

目 录 CONTENTS

第一章　建筑装饰制图基础 ··· 1
　第一节　制图标准 ··· 1
　第二节　制图工具 ··· 15
　第三节　制图的步骤及要求 ··· 20
　第四节　几何作图方法 ·· 21
　本章小结 ··· 27
　复习思考题 ··· 27

第二章　投影基本知识 ··· 29
　第一节　投影的分类与特征 ··· 29
　第二节　三面投影图 ··· 32
　第三节　投影方法的应用 ·· 35
　本章小结 ··· 36
　复习思考题 ··· 36

第三章　点、线、面的投影 ·· 38
　第一节　点的投影 ··· 38
　第二节　线的投影 ··· 44
　第三节　面的投影 ··· 54
　本章小结 ··· 70
　复习思考题 ··· 71

第四章　立体投影 ·· 72
　第一节　立体的截断与相贯 ··· 72
　第二节　平面立体投影 ·· 77
　第三节　曲面立体投影 ·· 83

  第四节 截断体投影 ……………………………………………………… 87
  第五节 组合体投影 ……………………………………………………… 93
  本章小结 …………………………………………………………………… 98
  复习思考题 ………………………………………………………………… 98

第五章 建筑装饰剖面图和断面图 ……………………………………… 100
  第一节 建筑装饰剖面图 ……………………………………………… 100
  第二节 建筑装饰断面图 ……………………………………………… 109
  本章小结 ………………………………………………………………… 112
  复习思考题 ……………………………………………………………… 112

第六章 轴测图与透视图 …………………………………………………… 114
  第一节 轴测图 ………………………………………………………… 114
  第二节 透视图 ………………………………………………………… 129
  本章小结 ………………………………………………………………… 139
  复习思考题 ……………………………………………………………… 139

第七章 房屋建筑施工图 …………………………………………………… 141
  第一节 建筑施工图概论 ……………………………………………… 141
  第二节 建筑施工图的内容 …………………………………………… 143
  第三节 建筑施工图的绘制 …………………………………………… 147
  第四节 建筑施工图的识读 …………………………………………… 151
  本章小结 ………………………………………………………………… 171
  复习思考题 ……………………………………………………………… 171

第八章 建筑装饰施工图 …………………………………………………… 173
  第一节 建筑装饰施工图概论 ………………………………………… 173
  第二节 建筑装饰平面图 ……………………………………………… 180
  第三节 建筑装饰立面图 ……………………………………………… 188
  第四节 建筑装饰剖面图 ……………………………………………… 191
  第五节 建筑装饰详图 ………………………………………………… 193
  第六节 建筑装饰工程典型结构图 …………………………………… 197
  第七节 建筑装饰工程设备安装施工图 ……………………………… 203
  本章小结 ………………………………………………………………… 222
  复习思考题 ……………………………………………………………… 222

参考文献 …………………………………………………………………………… 224

第一章 建筑装饰制图基础

学习目标

通过本章的学习，掌握图纸、图线、制图比例、文字、尺寸标注等相关知识；熟悉制图工具的性能与使用方法；掌握建筑装饰工程制图的一般步骤；掌握几何作图的基本方法及绘图技巧。

能力目标

通过本章的学习，能够理解并遵守国家制图标准的有关规定；能够正确使用绘图工具和仪器并进行简单的作图。

第一节 制图标准

建筑装饰工程图是表达建筑装饰工程设计意图的重要手段，为使工程技术人员或建筑装饰工人都能看懂建筑装饰工程图，用图纸进行交流，表达技术思想，并使建筑装饰工程图符合设计、施工、存档等要求，保证图面质量，以适应建筑装饰工程建设的需要，我国颁布了一系列制图标准，包括《房屋建筑制图统一标准》(GB/T 50001—2010)、《总图制图标准》(GB/T 50103—2010)、《建筑制图标准》(GB/T 50104—2010)、《房屋建筑室内装饰装修制图标准》(JGJ/T 244—2011)等，其涵盖了有关图纸幅面、图线、字体、比例及尺寸标注等内容。

一、图纸幅面规格

图纸幅面的基本尺寸规格有五种，其代号分别为 A0、A1、A2、A3 和 A4。各号图纸幅面尺寸的具体规定见表 1-1。

表 1-1 幅面及图框尺寸　　　　　　　　　　　　　　　　　　mm

尺寸代号 \ 幅面代号	A0	A1	A2	A3	A4
$b \times l$	841×1 189	594×841	420×594	297×420	210×297
c	10	10	10	5	5
a	25	25	25	25	25

注：b 为幅面短边尺寸，l 为幅面长边尺寸，c 为图框线与幅面线间宽度，a 为图框线与装订边间宽度。

由表 1-1 可知，A0 的幅面尺寸为 841 mm×1 189 mm，由 A0 基本幅面对折裁开的次数就是所得图纸的幅面代号数，这些基本幅面的尺寸关系如图 1-1 所示。

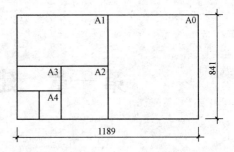

图 1-1　图纸的基本幅面的尺寸关系示意图

使用图纸时，图纸以短边作为垂直边的称为横式，如图 1-2 和图 1-3 所示；以短边作为水平边的称为立式，如图 1-4 和图 1-5 所示。一般 A0～A3 图纸宜横式使用；必要时，也可立式使用。一个工程设计中，每个专业所使用的图纸，一般不宜多于两种幅面，不含目录及表格所采用的 A4 幅面。需要微缩复制的图纸，其一个边上应附有一段准确米制尺度，四个边上均附有对中标志，米制尺度的总长应为 100 mm，分格应为 10 mm。对中标志应画在图纸各边长的中点处，线宽应为 0.35 mm，伸入框内应为 5 mm。

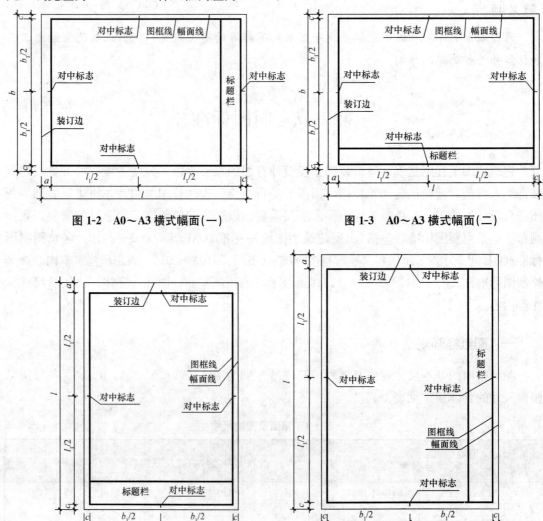

图 1-2　A0～A3 横式幅面（一）　　　　图 1-3　A0～A3 横式幅面（二）

图 1-4　A0～A4 立式幅面（一）　　　　图 1-5　A0～A4 立式幅面（二）

图纸的短边一般不加长,长边可加长,但应符合表1-2的规定。

表1-2 图纸长边加长尺寸　　　　　　　　　　　　　　　　　　　　mm

幅面代号	长边尺寸	长边加长后的尺寸
A0	1 189	1 486(A0+1/4l)　1 635(A0+3/8l)　1 783(A0+1/2l) 1 932(A0+5/8l)　2 080(A0+3/4l)　2 230(A0+7/8l) 2 378(A0+l)
A1	841	1 051(A1+1/4l)　1 261(A1+1/2l)　1 471(A1+3/4l) 1 682(A1+l)　1 892(A1+5/4l)　2 102(A1+3/2l)
A2	594	743(A2+1/4l)　891(A2+1/2l)　1 041(A2+3/4l) 1 189(A2+l)　1 338(A2+5/4l)　1 486(A2+3/2l) 1 635(A2+7/4l)　1 783(A2+2l)　1 932(A2+9/4l) 2 080(A2+5/2l)
A3	420	630(A3+1/2l)　841(A3+l)　1 051(A3+3/2l) 1 261(A3+2l)　1 471(A3+5/2l)　1 682(A3+3l) 1 892(A3+7/2l)

注:有特殊需要的图纸,可采用$b×l$为841 mm×891 mm与1 189 mm×1 261 mm的幅面。

二、标题栏

标题栏应符合图1-6和图1-7的规定,根据工程的需要选择确定其尺寸、格式及分区。签字栏应包括实名列和签名列。

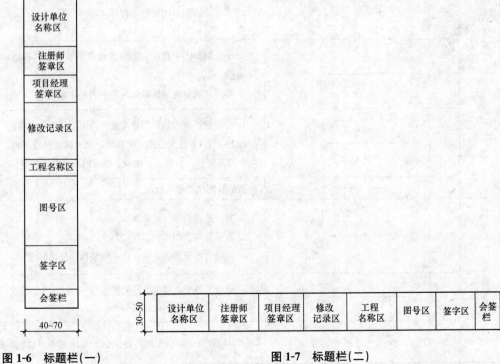

图1-6　标题栏(一)　　　　　　　　　图1-7　标题栏(二)

涉外工程的标题栏内,各项主要内容的中文下方应附有译文,设计单位的上方或左方,应加"中华人民共和国"字样。

在计算机制图文件中,当使用电子签名与认证时,应符合《中华人民共和国电子签名法》的有关规定。

三、图线

工程图样主要是采用不同线型和线宽的图线来表达不同的设计内容。图线是构成图样的基本元素。熟悉图线的类型及用途,掌握各类图线的画法是建筑装饰制图最基本的技术。

(一)图线的分类与用途

建筑装饰工程图中的线型有实线、虚线、单点长画线、折断线、波浪线、点线、样条曲线、云线等,其中有些线型还分粗、中粗、中、细四种,为了表达工程图样的不同内容,并使图中主次分明,必须采用不同的线型、线宽来表示。各种图线的线型、宽度及用途见表1-3。

表1-3 房屋建筑室内装饰装修制图常用线型

名 称		线 型	线宽	用 途
实线	粗	———————	b	1. 平、剖面图中被剖切的房屋建筑和装饰装修构造的主要轮廓线; 2. 房屋建筑室内装饰装修立面图的外轮廓线; 3. 房屋建筑室内装饰装修构造详图、节点图中被剖切部分的主要轮廓线; 4. 平、立、剖面图的剖切符号
	中粗	———————	$0.7b$	1. 平、剖面图中被剖切的房屋建筑和装饰装修构造的次要轮廓线; 2. 房屋建筑室内装饰装修详图中的外轮廓线
	中	———————	$0.5b$	1. 房屋建筑室内装饰装修构造详图中的一般轮廓线; 2. 小于 $0.7b$ 的图形线、家具线、尺寸线、尺寸界线、索引符号、标高符号、引出线、地面、墙面的高差分界线等
	细	———————	$0.25b$	图形和图例的填充线
虚线	中粗	— — — — —	$0.7b$	1. 表示被遮挡部分的轮廓线; 2. 表示被索引图样的范围; 3. 拟建、扩建房屋建筑室内装饰装修部分轮廓线
	中	— — — — —	$0.5b$	1. 表示平面中上部的投影轮廓线; 2. 预想放置的房屋建筑或构件
	细	— — — — —	$0.25b$	表示内容与中虚线相同,适合小于 $0.5b$ 的不可见轮廓线

续表

名称		线型	线宽	用途
单点长画线	中粗	—·—·—·—	$0.7b$	运动轨迹线
	细	—·—·—·—	$0.25b$	中心线、对称线、定位轴线
折断线	细	∼∼∼	$0.25b$	不需要画全的断开界线
波浪线	细	∼∼∼	$0.25b$	1. 不需要画全的断开界线; 2. 构造层次的断开界线; 3. 曲线形构件断开界线
点线	细	··········	$0.25b$	制图需要的辅助线
样条曲线	细	∼	$0.25b$	1. 不需要画全的断开界线; 2. 制图需要的引出线
云线	中	⌒⌒⌒	$0.5b$	1. 圈出被索引的图样范围; 2. 标注材料的范围; 3. 标注需要强调、变更或改动的区域

(二)图线画法

1. 线宽选择

表示不同内容的图线,宜从下列线宽系列中选取:1.4 mm、1.0 mm、0.7 mm、0.5 mm、0.35 mm、0.25 mm、0.18 mm、0.13 mm。图线宽度不应小于 0.1 mm。

(1)画图时,每个图样应根据复杂程度与比例大小,先选定基本线宽 b,再选用表 1-4 中相应的线宽组。

表 1-4 线宽组   mm

线宽比	线宽组			
b	1.4	1.0	0.7	0.5
$0.7b$	1.0	0.7	0.5	0.35
$0.5b$	0.7	0.5	0.35	0.25
$0.25b$	0.35	0.25	0.18	0.13

注:1. 需要缩微的图纸,不宜采用 0.18 mm 及更细的线宽。
　　2. 同一张图纸内,各不同线宽中的细线,可统一采用较细的线宽组的细线。

(2)图纸的图框和标题栏线可采用表 1-5 的线宽。

表 1-5 图框和标题栏线的宽度   mm

幅面代号	图框线	标题栏外框线	标题栏分格线
A0、A1	b	$0.5b$	$0.25b$
A2、A3、A4	b	$0.7b$	$0.35b$

2. 绘制要求

(1)在绘图时,相互平行的图例线,其净间隙或线中间隙不宜小于 0.2 mm。虚线、单点长画线或双点长画线的线段长度和间隔，宜各自相等。

(2) 单点长画线或双点长画线，当在较小图形中绘制有困难时，可用实线代替。

(3) 单点长画线或双点长画线的两端，不应是点。点画线与点画线交接或点画线与其他图线交接时，应是线段交接。

(4) 虚线与虚线交接或虚线与其他图线交接时，应是线段交接。虚线为实线的延长线时，不得与实线相接。

(5) 图线不得与文字、数字或符号重叠、混淆，不可避免时，应首先保证文字的清晰。

3. 图线绘制示例

图线绘制示例见图1-8。

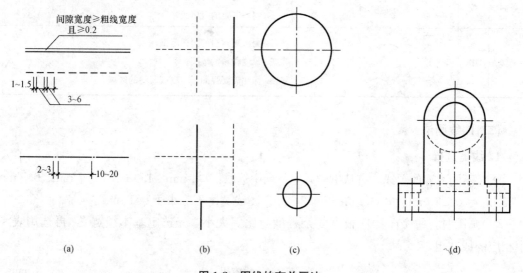

图1-8 图线的有关画法

(a) 线的画法；(b) 交接；(c) 圆的中心线画法；(d) 图线在相交、相切处的画法

四、字体

用图线绘成图样，须用文字及数字加以注解，表明其大小尺寸、有关材料、构造做法、施工要点及标题。

建筑装饰工程图样中的字体有汉字、拉丁字母、阿拉伯数字、符号、代号等，图样中的字体应笔画清晰、字体端正、排列整齐、间隔均匀。如果图样上的文字和数字写得潦草而难以辨认，不仅影响图纸的清晰和美观，而且容易出现差错，造成工程损失。

文字的字高应从表1-6中选用。字高大于10 mm的文字宜采用True type字体，若需书写更大的字母，其高度应按$\sqrt{2}$的倍数递增。

表1-6 文字的字高 mm

字体种类	中文矢量字体	True type字体及非中文矢量字体
字高	3.5、5、7、10、14、20	3、4、6、8、10、14、20

(一)汉字

图样及说明中的汉字，宜采用长仿宋体，宽度与高度的关系应符合表 1-7 的规定。大标题、图册封面、地形图等的汉字，也可书写成其他字体，但应易于辨认。

表 1-7 长仿宋体字高、宽关系　　　　　　　　　　　　　　　　　　　　　　　mm

字高	20	14	10	7	5	3.5
字宽	14	10	7	5	3.5	2.5

汉字的简化字书写，必须符合国务院公布的《汉字简化方案》和有关规定。

长仿宋体字的书写要领是：横平竖直、起落分明、笔锋满格、结构匀称，其书写法如图 1-9 所示。

10号
排列整齐字体端正笔画清晰注意起落

7号
字体基本上是横平竖直结构匀称写字前先画好格子

5号
阿拉伯数字拉丁字母罗马数字和汉字并列书写时它们的字高比汉字高小

3.5号
剖侧切截断面轴测示意主俯仰前后左右视向东西南北中心内外高低顶底长宽厚尺寸分厘毫米矩方

图 1-9 长仿宋体字示例

长仿宋体字书写时应注意起落，横、竖的起笔和收笔，撇、钩的起笔，钩折的转角等，都要顿一下笔，形成小三角和出现字肩。几种基本笔画的写法见表 1-8。

表 1-8 仿宋体字基本笔画的写法

名称	横	竖	撇	捺	提	点	钩
形状	 一	丨	 丿	 ㇏	 ✓	 丶丶	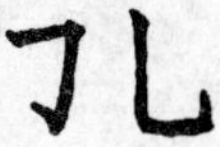 乛乚
笔法	 一	 丨	 丿	 ㇏	 ✓	 丶丶	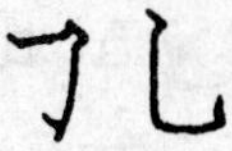 乛乚

(二)数字和字母

拉丁字母、阿拉伯数字与罗马数字，如需写成斜体字，其斜度应是从字的底线逆时针向上倾斜 75°。斜体字的高度与宽度应与相应的直体字相等。拉丁字母、阿拉伯数字与罗马数字的书写与排列应符合表 1-9 的规定。

表 1-9 拉丁字母、阿拉伯数字与罗马数字的书写规则

书写格式	字体	窄字体
大写字母高度	h	h
小写字母高度（上下均无延伸）	$7/10h$	$10/14h$
小写字母伸出的头部或尾部	$3/10h$	$4/14h$
笔画宽度	$1/10h$	$1/14h$
字母间距	$2/10h$	$2/14h$
上下行基准线的最小间距	$15/10h$	$21/14h$
词间距	$6/10h$	$6/14h$

拉丁字母、阿拉伯数字与罗马数字的字高，不应小于 2.5 mm；数量的数值注写，应采用正体阿拉伯数字。各种计量单位凡前面有量值的，均应采用国家颁布的单位符号注写，单位符号应采用正体字母。分数、百分数和比例数的注写，应采用阿拉伯数字和数学符号，例如：四分之三、百分之二十五和一比二十应分别写成 3/4、25% 和 1∶20。当注写的数字小于 1 时，必须写出个位的"0"，小数点应采用圆点，齐基准线书写，如 0.01。

拉丁字母、阿拉伯数字与罗马数字的书写法如图 1-10 所示。

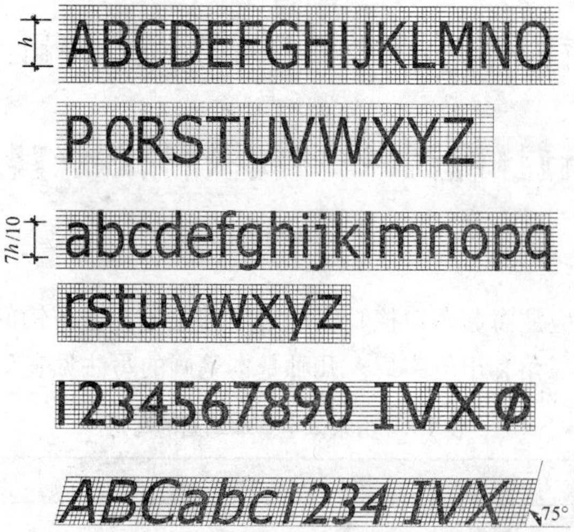

图 1-10 字母、数字示例

五、比例

图样比例是指图形与实物相对应的线性尺寸之比，它是线段之比而不是面积之比，即

$$比例 = \frac{图形画出的长度（图距）}{实物相应部位的长度（实距）}$$

图样比例的作用是将建筑结构和装饰结构不变形地缩小或放大在图纸上。比例的符号为"∶"，比例应用阿拉伯数字表示，如 1∶1、1∶2、1∶10 等。1∶10 表示图纸所画物体缩小为实体的 1/10，1∶1 表示图纸所画的物体与实体一样大。比例宜注写在图名的右侧，字

的基准线应取平；比例的字高宜比图名的字高小一号或二号（图1-11）。

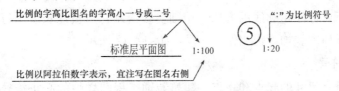

图1-11 比例的注写

绘图所用的比例，应根据图样的用途与被绘对象的复杂程度，从表1-10中选用，并优先选用表中的常用比例。

表1-10 绘图所用的比例

常用比例	1：1、1：2、1：10、1：20、1：50、1：100、1：150、1：200、1：500、1：1 000、1：2 000、1：10 000、1：20 000、1：50 000、1：100 000、1：200 000
可用比例	1：3、1：4、1：6、1：15、1：25、1：30、1：40、1：60、1：80、1：250、1：300、1：400、1：600

一般情况下，一个图样应选用一种比例。根据专业制图需要，同一图样可选用两种比例。特殊情况下也可自选比例，这时除应注出绘图比例外，还必须在适当位置绘制出相应的比例尺。

六、尺寸标注

工程图样中的图形只表达建筑物及建筑装饰物的形状，其大小还需要通过尺寸标注来表示。图样尺寸是施工的重要依据，尺寸标注必须准确无误、字体清晰，不得有遗漏，否则会给施工造成很大的损失。

(一)尺寸的组成

尺寸由尺寸界线、尺寸线、尺寸起止符号和尺寸数字四部分组成，如图1-12所示。

1. 尺寸界线

尺寸界线表示所要标注轮廓线的范围，应用细实线绘制，一般应与被注长度垂直，其一端应离开图样轮廓线不小于2 mm，另一端宜超出尺寸线2~3 mm。图样轮廓线可用作尺寸界线（图1-13）。

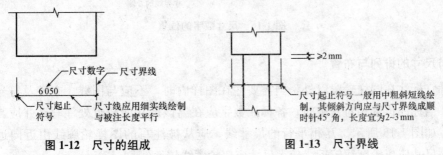

图1-12 尺寸的组成　　　　　　**图1-13 尺寸界线**

2. 尺寸线

尺寸线表示所要标注轮廓线的方向，用细实线绘制，与被注长度平行，与尺寸界线垂直。图样本身的任何图线均不得用作尺寸线，如图 1-12 所示。

3. 尺寸起止符号

尺寸起止符号是尺寸的起点和止点，建筑装饰工程图样中的起止符号一般用中粗短线绘制，长度宜为 2～3 mm，其倾斜方向应与尺寸界线成顺时针 45°角（图 1-13）。半径、直径、角度和弧长的尺寸起止符号，宜用箭头表示，如图 1-14 所示。

4. 尺寸数字

建筑装饰工程图样中的尺寸数字表示的是建筑物或建筑装饰物的实际大小，与所绘图样的比例和精确度无关。图样上的尺寸，应以尺寸数字为准，不得从图上直接量取。图样上的尺寸单位，除标高及总平面以米为单位外，其他必须以毫米为单位。尺寸数字的方向，应按图 1-15(a) 的规定注写。若尺寸数字在 30°斜线区内，宜按图 1-15(b) 的形式注写。尺寸数字一般应依据其方向注写在靠近尺寸线的上方中部。如没有足够的注写位置，最外边的尺寸数字可注写在尺寸界线的外侧，中间相邻的尺寸数字可错开注写（图 1-16）。

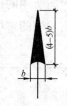

图 1-14　箭头尺寸起止符号

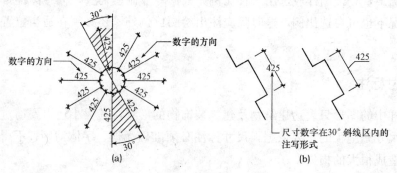

图 1-15　尺寸数字的注写方向

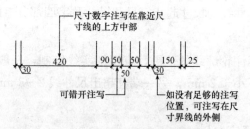

图 1-16　尺寸数字的位置

（二）尺寸的排列与布置

尺寸宜标注在图样轮廓以外，当需要注在图样内时，不应与图线、文字及符号等相交或重叠。当标注位置相对密集时，各标注数字应在离该尺寸线较近处注写，并应与相仿数字错开，如图 1-16 所示。互相平行的尺寸线，应从被注写的图样轮廓线由近向远整齐排列，较小尺寸应离轮廓线较近，较大尺寸应离轮廓线较远（图 1-17）。

图样轮廓线以外的尺寸界线,距图样最外轮廓之间的距离不宜小于 10 mm。平行排列的尺寸线的间距宜为 7~10 mm,并应保持一致。总尺寸的尺寸界线应靠近所指部位,中间的分尺寸的尺寸界线可稍短,但其长度应相等(图 1-18)。总尺寸应标注在图样轮廓以外。定位尺寸及细部尺寸可根据用途和内容标注在图样外或图样内相应的位置。

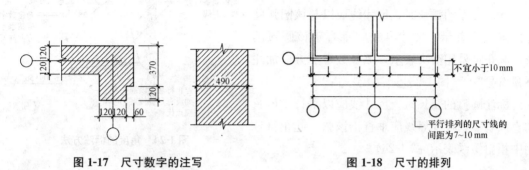

图 1-17　尺寸数字的注写　　　　　　　图 1-18　尺寸的排列

(三) 圆、球的尺寸标注

1. 直径、半径的标注

圆、球体的尺寸标注,通常标注其直径和半径,半径的尺寸线应一端从圆心开始,另一端画箭头指向圆弧。半径数字前应加注半径符号"R"。标注圆的直径尺寸时,直径数字前应加直径符号"ϕ"。在圆内标注的尺寸线应通过圆心,两端画箭头指至圆弧。较小圆的直径尺寸,可标注在圆外。

标注球的半径尺寸时,应在尺寸前加注符号"SR"。标注球的直径尺寸时,应在尺寸数字前加注符号"$S\phi$"。注写方法与圆弧半径和圆直径的尺寸标注方法相同。

圆、球的半径、直径的标注方法如图 1-19 至图 1-23 所示。

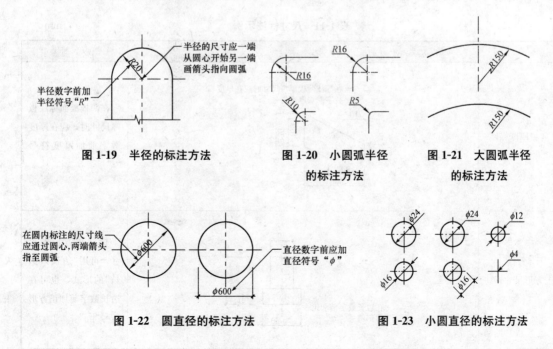

图 1-19　半径的标注方法　　图 1-20　小圆弧半径的标注方法　　图 1-21　大圆弧半径的标注方法

图 1-22　圆直径的标注方法　　　　　图 1-23　小圆直径的标注方法

2. 角度、弧长、弦长的标注

角度的尺寸线应以圆弧表示。该圆弧的圆心应是该角的顶点，角的两条边为尺寸界线。起止符号应以箭头表示，如没有足够位置画箭头，可用圆点代替，角度数字应按水平方向注写(图 1-24)。

标注圆弧的弧长时，尺寸线应以与该圆弧同心的圆弧线表示，尺寸界线应垂直于该圆弧的弦，起止符号用箭头表示，弧长数字上方应加注圆弧符号"⌒"(图 1-25)。

标注圆弧的弦长时，尺寸线应以平行于该弦的直线表示，尺寸界线应垂直于该弦，起止符号用中粗斜短线表示(图 1-26)。

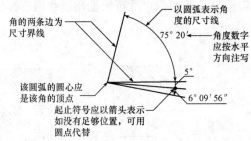

图 1-24 角度的标注方法

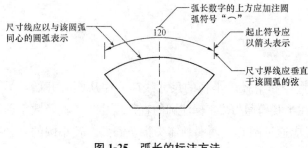

图 1-25 弧长的标注方法

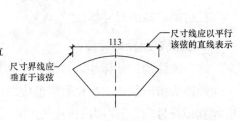

图 1-26 弦长标注方法

(四)其他尺寸标注

其他尺寸标注方法见表 1-11。

表 1-11 尺寸标注示例　　　　　　　　mm

项目	标注示例	说明
薄板厚度标注	![薄板厚度标注示例，标注有 t10、70、180、160、220、300，并注明"在标注薄板厚度尺寸时应在厚度数字前加厚度符号't'"]	在薄板板面标注板厚尺寸时，应在厚度数字前加厚度符号"t"
正方形尺寸标注	![正方形尺寸标注示例，标注有 30、60、20、□50，并注明"在边长数字前加正方形符号'□'"]	标注正方形的尺寸，可用"边长×边长"的形式，也可在边长数字前加正方形符号"□"

续一

项 目	标 注 示 例	说 明
坡度标注	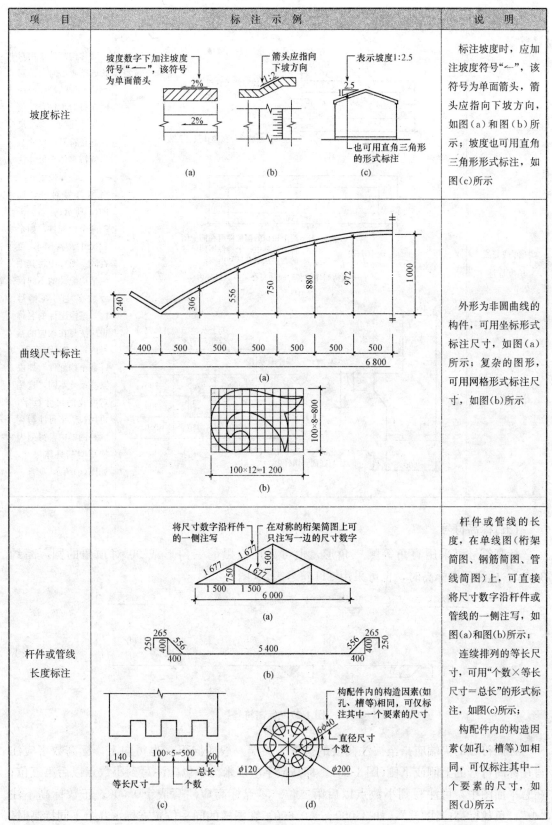	标注坡度时，应加注坡度符号"←"，该符号为单面箭头，箭头应指向下坡方向，如图(a)和图(b)所示；坡度也可用直角三角形形式标注，如图(c)所示
曲线尺寸标注		外形为非圆曲线的构件，可用坐标形式标注尺寸，如图(a)所示；复杂的图形，可用网格形式标注尺寸，如图(b)所示
杆件或管线长度标注		杆件或管线的长度，在单线图（桁架简图、钢筋简图、管线简图）上，可直接将尺寸数字沿杆件或管线的一侧注写，如图(a)和图(b)所示；连续排列的等长尺寸，可用"个数×等长尺寸=总长"的形式标注，如图(c)所示；构配件内的构造因素（如孔、槽等）如相同，可仅标注其中一个要素的尺寸，如图(d)所示

续二

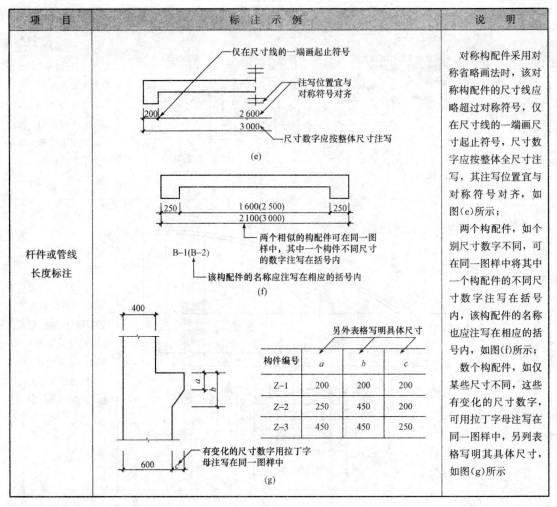

(五)标高符号

标高符号可采用直角等腰三角形,也可采用涂黑的三角形或 90°对顶角的圆,高约 3 mm,标注顶棚标高时,也可采用 CH 符号表示(图 1-27)。

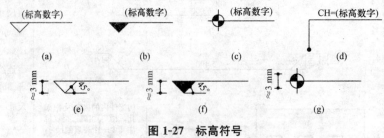

图 1-27 标高符号

标高符号的尖端应指至被注高度的位置。尖端一般应向下,也可向上。标高数字应注写在标高符号的上侧或下侧(图 1-28)。标高数字应以米为单位,注写到小数点以后第三位;在总平面图中,可注写到小数点以后第二位。零点标高应注写成±0.000,正数标高不注"+",负数标高应注"-",如 3.000、-0.600。在图样的同一位置需标示几个不同标高时,标高数字可按图 1-29 的形式注写。

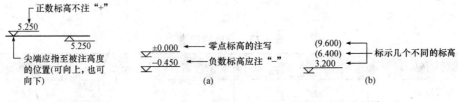

图 1-28 标高的指向　　　　图 1-29 同一位置注写多个标高

(1)总平面图室外地坪标高符号，宜用涂黑的三角形表示[图 1-30(a)]，具体画法如图 1-30(b)所示。

(2)建筑物平面、立面、剖面图，宜标注室内外地坪、楼地面、地下层地面、阳台、平台、檐口、屋脊、女儿墙、雨篷、门、窗、台阶等处的标高。平屋面等不易标明建筑标高的部位可标注结构标高，并予以说明。结构找坡的平屋面，屋面标高可标注在结构板面最低点，并注明找坡坡度。有屋架的屋面，应标注屋架下弦搁置点或柱顶标高。有起重机的厂房剖面图应标注轨顶标高、屋架下弦杆件下边缘或屋面梁底、板底标高。梁式悬挂起重机宜标出轨距尺寸(以米计)。

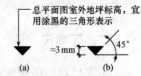

图 1-30 总平面图室外地坪标高符号

(3)楼地面、地下层地面、阳台、平台、檐口、屋脊、女儿墙、台阶等处的高度尺寸及标高，宜按下列规定注写：

①平面图及其详图注写完成面标高。
②立面图、剖面图及其详图注写完成面标高及高度方向的尺寸。
③其余部分注写毛面尺寸及标高。
④标注建筑平面图各部位的定位尺寸时，注写与其最邻近的轴线间的尺寸；标注建筑剖面各部位的定位尺寸时，注写其所在层次内的尺寸。

第二节　制图工具

建筑装饰工程图样一般都是借助于制图工具和仪器绘制的，了解绘图工具的性能，熟练掌握它们正确的使用方法，经常进行维护、保养，才能保证制图质量，提高绘图速度。

建筑装饰工程制图最常用的工具和仪器有图板、丁字尺、三角板、比例尺(三棱尺)、圆规、分规，还有绘图笔、模板、擦图片、橡皮、图纸等。

一、图板

图板是指用来铺贴图纸及配合丁字尺、三角板等进行制图的平面工具。

图板是胶合板制成的，四周镶有边框，用于固定绘图纸，要求其板面平整光滑，无节疤，有一定的弹性，边框应平直，如图 1-31 所示。

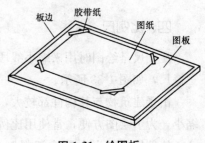

图 1-31 绘图板

常用的图板规格有 0 号、1 号和 2 号,见表 1-12。绘制时应根据图纸幅面的大小来选择图板。

表 1-12　图板的规格　　　　　　　　　　　　　　　　　　　　　　　mm

图板的规格代号	0	1	2
图板尺寸	900×1 200	600×900	450×600

图板是制图的主要工具,因其是木制品,用后应妥善保管,防止受潮或日光晒;板面上不可放置重物,以免图板变形走样或压坏板面;贴图纸时宜采用透明胶带纸,尽量不使用图钉;不用时将图板竖向放置保管。

二、丁字尺

丁字尺是与图板配合画水平线的长尺,由尺头和尺身构成,其作用是画水平线。使用时,左手握住尺头使其紧靠图板左边,并推移至需要的位置,右手握笔沿丁字尺工作边从左向右画水平线,如图 1-32 所示。不允许将尺头靠在图板其他侧边画线,以避免图板各边不垂直时,画出的图线不准确。

丁字尺是用有机玻璃制成的,容易摔断、变形,用后应将其挂在墙上。

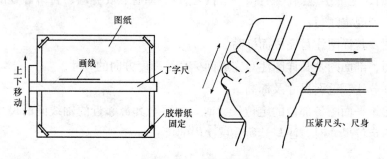

图 1-32　丁字尺的用法

三、三角板

三角板是工程制图的主要工具之一,其与丁字尺配合使用。

三角板两块为一副,一块为 45°×45°×90°,另一块 30°×60°×90°。

三角板与丁字尺配合使用时,可用来画垂直线和画特殊角度(15°、30°、45°、60°、75°)线;两块三角板配合使用时,也可以画平行线或垂直线。

四、比例尺

比例尺是绘图时用来缩小线段长度的尺子。比例尺通常被制成三棱柱状,故它又称为三棱尺,如图 1-33 所示。

由于建筑物与其构件都较大,不可能也没有必要按 1∶1 的比例绘制,通常都要按比例缩小,为了绘图方便,常使用比例尺。

比例尺一般为木制或塑料制成,比例尺的三个棱面刻有六种比例,通常有 1∶100、

1∶200、1∶300、1∶400、1∶500、1∶600，比例尺上的数字以(米)为单位。

使用比例尺制图时，当比例尺与图样上比例相同时，可直接量度尺寸：将尺子置于图上要量的距离之上，并需对准量度方向，便可直接量出；若比例不同，可采用换算方法求出尺寸。如图1-34所示，线段MN采用1∶500比例直接量出读数为13 m；若1∶50比例，读数为1.3 m；若用1∶5比例，读数为0.13 m。为绘图精确，使用比例尺时切勿累计其距离，应注意先绘出整个宽度和长度，然后再进行分割。

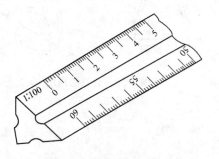

图1-33 比例尺(三棱尺)

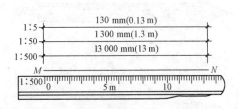

图1-34 比例换算

比例尺不可以用来画线，不能弯曲，尺身应保持平直完好，尺子上的刻度要清晰、准确，以免影响使用。

五、圆规与分规

(一)圆规

圆规是用来画圆和圆弧曲线的绘图仪器。其包括精密小圆规、弓形小圆规、组合式圆规等。

精密小圆规如图1-35所示，用于画小圆，具有画圆速度快、使用方便等特点。

弓形小圆规如图1-36所示，也常用于画小圆。

组合式圆规如图1-37所示，有固定针脚及可移动的铅笔脚、鸭嘴脚及延伸杆。

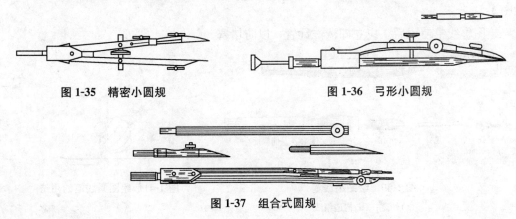

图1-35 精密小圆规　　　　图1-36 弓形小圆规

图1-37 组合式圆规

(二)分规

分规是用来量取线段、量度尺寸和等分线段的一种仪器，如图1-38所示。

分规与圆规相似,只是两腿均装了圆锥状的钢针,两只钢针必须等长,既可用于量取线段的长度[图1-39(a)],又可等分线段和圆弧[图1-39(b)]。分规的两针合拢时应对齐。

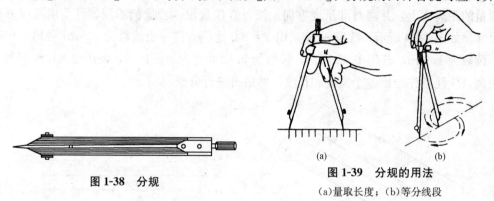

图1-38 分规

图1-39 分规的用法
(a)量取长度;(b)等分线段

六、绘图笔

建筑装饰工程绘图笔的种类很多,包括绘图墨线笔、绘图蘸笔、绘图铅笔等。

(一)绘图墨线笔

绘图墨线笔又叫针管笔,其笔头为一根针管,有粗细不同的规格,内配相应的通针。它能像普通钢笔那样吸墨水和存储墨水,描图时,不需频频加墨。

绘图墨线笔的作用是画墨线或描图,由针管、通针、内胆、套管和储墨管等组成,如图1-40所示。针管直径有0.18～1.4 mm粗细不同的规格,绘图时可根据图线的粗细要求进行选用。

用于绘图的墨水一般有两种:普通绘图墨水和碳素墨水。普通绘图墨水快干易结块,适用于传统的鸭嘴笔;碳素墨水不易结块,适用于绘图墨线笔。

使用绘图墨线笔画线时,要使笔尖与纸面尽量保持垂直,如发现墨水不畅通,应上下抖动笔杆使通针将针管内的堵塞物捅出。因其使用和携带方便,是目前常用的描图工具,如图1-41所示。

绘图墨线笔使用后,应立即清洗针管,以防堵塞。

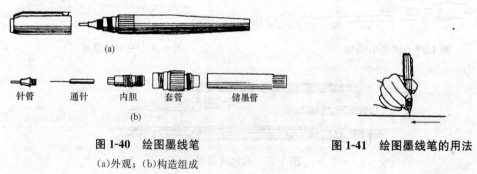

图1-40 绘图墨线笔
(a)外观;(b)构造组成

图1-41 绘图墨线笔的用法

(二)绘图蘸笔

绘图蘸笔主要用于书写墨线字体,与普通蘸笔相比,其笔尖较细,写出来的字笔画细长，看起来很清秀；同时，它也可用于书写字号较小的字。写字时，每次蘸墨水不要太多，并应保持笔杆的清洁，如图1-42所示。

现在，绘图蘸笔已很少使用。

(三)绘图铅笔

图1-42　绘图蘸笔

绘图铅笔有多种硬度：代号H表示硬芯铅笔，H~3H常用于画稿线；代号B表示软芯铅笔，B~3B常用于加深图线的色泽；HB表示中等硬度铅笔，通常用于注写文字和加深图线等。

铅笔笔芯可以削成尖锥形、楔形和圆锥形等。尖锥形铅芯用于画稿线、细线和注写文字等；楔形铅芯可削成不同的厚度，用于加深不同宽度的图线。

铅笔应从没有标记的一端开始使用。画线时握笔要自然，速度、用力要均匀。用圆锥形铅芯画较长的线段时，应边画边在手中缓慢地转动且始终与纸面保持一定的角度。

七、制图模板与曲线板

(一)制图模板

在手工制图条件下，为了提高制图的质量和速度，人们把建筑工程专业图上的常用符号、图例和比例尺均刻画在透明的塑料薄板上，制成供专业人员使用的尺子，这就是制图模板。建筑制图中常用的模板有建筑模板、结构模板、装饰模板等。图1-43所示为装饰模板。

(二)曲线板

曲线板是用来绘制非圆弧曲线的工具。曲线板的种类很多，曲率大小各不相同。有单块的，也有多块成套的。单块曲线板的形式如图1-44所示。

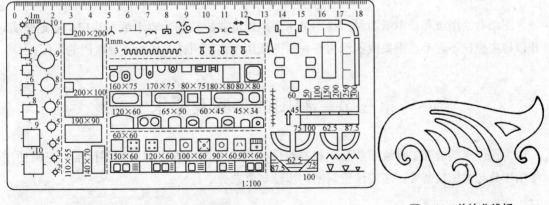

图1-43　装饰模板　　　　　　　　图1-44　单块曲线板

使用曲线板绘制曲线时，首先按相应作图法作出曲线上的一些点，再用铅笔徒手把各点依次连成曲线，然后找出曲线板上与曲线相吻合的一段，画出该段曲线，然后同样找出下一段，注意前后两段应有一小段重合，曲线才显得圆滑。以此类推，直至画完全部曲线，如图1-45所示。

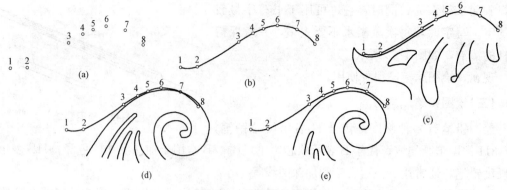

图 1-45 曲线板的用法

八、擦图片与橡皮

(一)擦图片

擦图片是用于修改图样的,图片上有各种形状的孔,其形状如图 1-46 所示。使用时,应将擦图片盖在图面上,使画错的线在擦图片上适当的模孔内露出来,然后用橡皮擦拭,这样可以防止擦去近旁画好的图线,有助于提高绘图速度。

(二)橡皮

橡皮有软硬之分。修整铅笔线多用软质的,修整墨线多用硬质的。

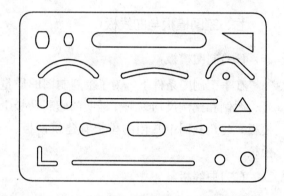

图 1-46 擦图片

九、图纸

图纸有绘图纸和描图纸两种。绘图纸用于画铅笔或墨线图,要求纸面洁白、质地坚实,并以橡皮擦拭不起毛、画墨线不洇为好;描图纸用于描绘图样,作为复制蓝图的底图。

第三节 制图的步骤及要求

为保证建筑装饰工程绘图质量,提高绘图速度,除严格遵守国家制图标准,正确使用绘图工具与绘图仪器外,还应注意制图的步骤与要求。

一、做好准备工作

绘制建筑装饰工程图前应做好充分的准备工作,以确保制图工作的顺利进行,制图准备工作主要包括以下几点:

第一,收集并认真阅读有关的文件资料,对所绘图样的内容、目的和要求作认真的分析,做到心中有数。

第二，准备好所用的工具和仪器，并将工具、仪器擦拭干净。

第三，将图纸固定在图板的左下方，使图纸的左方和下方留有一个丁字尺的宽度。

二、画底图

底图应用较硬的铅笔如 2H、3H 等绘制，经过综合、取舍后，以较淡的色调在图纸上衬托图样的具体形状和位置。画底图时应符合下列要求：

(1) 根据制图规定先画好图框线和标题栏的外轮廓。

(2) 根据所绘图样的大小、比例、数量进行合理的图面布置，如图形有中心线，应先画中心线，并注意给尺寸标注留有足够的位置。

(3) 画图形的主要轮廓线，由大到小，由整体到局部，直至画出所有的轮廓线。为了方便修改，底图应轻而淡，能定出图形的形状和大小即可。

(4) 画尺寸界线、尺寸线以及其他符号。

(5) 仔细检查底图，擦去多余的底稿图线。

三、铅笔加深

图样铅笔加深应用较软的铅笔，如 B、2B 等。文字说明用 HB 铅笔。铅笔加深应按下列顺序进行：

(1) 加深图样，按照水平线从上到下，垂直线从左到右的顺序依次完成。如曲线与直线连接，应先画曲线，再画直线与其相连。各类线型的加深顺序是：中心线、粗实线、虚线、细实线。

(2) 加深尺寸界线、尺寸线，画尺寸起止符号，写尺寸数字。

(3) 写图名、比例及文字说明。

(4) 画标题栏，并填写标题栏内的文字。

(5) 加深图框线。

图样加深完后，应达到：图面干净，线型分明，图线匀称，布图合理。

四、描图

描图是指设计人员在白纸(绘图纸)上用铅笔画好设计图，由描图人员在画好的设计图上复一层硫酸纸，用绘图墨线笔将已画好的设计图样画在硫酸纸上，描图的步骤与铅笔加深的步骤基本相同，如描图中出现错误，应等墨线干了以后，再用刀片刮去需要修改的部分，当修整后必须在原处画线时，应将修整的部位用光滑坚实的东西(如橡皮)压实、磨平，才能重新画线。

第四节 几何作图方法

几何作图方法是绘图的基本技能。图样是由一些平面几何图形组成的，而几何图形是用直线、圆弧和非圆曲线等通过几何作图方法画成的。图样上的图形必须按一定的作图方法才能正确画出,因此,正确、熟练地掌握几何图形的作图原理和方法,有利于提高绘图的速度和准确性。

一、直线的绘制

(一)徒手绘制直线

徒手绘制直线时,手握笔的位置要比用仪器绘图时稍高些,以利于运笔和目测。笔杆与纸成 45°~60°角,执笔稳而有力。运笔时力求自然,小指靠向纸面,能清楚地看出笔尖前进的方向。画短线摆动手腕,画长线摆动前臂,眼睛注视终点,以便于控制图线。画水平线以图 1-47(a)中的画线方向最为顺手,这时应将图纸斜放;画垂直线时自上而下运笔,如图 1-47(b)所示;斜线一般不太好画,故可以将图纸自由转动,使要画的图线正好处于顺手的方向,如图 1-47(c)所示。

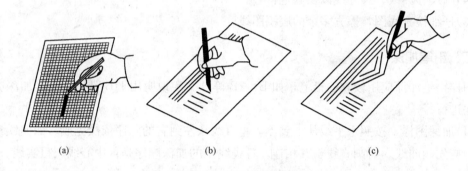

图 1-47　徒手绘制直线

(a)画水平线;(b)画垂直线;(c)画倾斜线

(二)利用绘图仪器绘制直线

1. 水平线的绘制

制图时,水平线的绘制多利用丁字尺。画水平线时,丁字尺的尺头紧靠图板的左边缘,尺头沿此边缘上下滑动至需要画线的位置,然后左手向右按牢尺头,使丁字尺紧贴图板,右手握铅笔沿丁字尺尺身的上边缘自左向右画出水平线,如图 1-48 所示。绘制时必须注意,不能将丁字尺尺头紧靠图板的其他边缘画线。

2. 直线的平行线、垂直线的绘制

绘制已知直线的平行线、垂直线可采用三角板,例如,过已知点 C,作已知直线 AB 的平行线、垂直线,如图 1-49 所示。

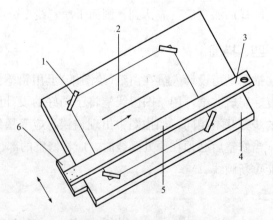

图 1-48　用丁字尺画水平线

1—胶纸;2—图纸;3—丁字尺;
4—图板;5—尺身;6—尺头

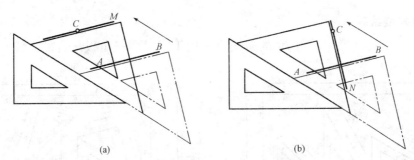

图 1-49 直线的平行线、垂直线

(a)过点 C 作直线 CM 平行于直线 AB；(b)过点 C 作直线 CN 垂直于直线 AB

已知直线的垂直线的绘制也可用圆规，其绘制方法参照下述"平分线段"的绘制方法。

3. 平分线段、等分线段绘制

平分线段的绘制可采用圆规，例如，要平分已知线段 MN，可分别以 M、N 为圆心，以大于 MN/2 长为半径画圆，得到在线段 MN 上下分别交汇的两点，连接两点的直线平分 MN。

绘制已知线段的等分线段的方法有三种：

(1)刻度尺直接等分法。利用刻度尺上的某单位长度，直接等分作图。

(2)平行线法等分线段。平行线法等分线段可采用刻度尺，例如，若将已知线段 MN 五等份，其作图方法和步骤如图 1-50 所示。

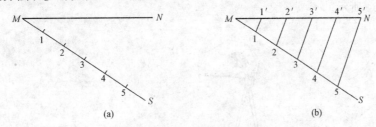

图 1-50 平行线法等分线段

(a)过端点 M 作任意直线 MS，并以适当长度在 MS 上量取五等份，得 1、2、3、4、5 各等分点；

(b)连接 5 N，分别过 1、2、3、4 各等分点作 5 N 的平行线，与 MN 相交得 1′、2′、3′、4′点，即为所求的等分点

(3)分规试分法等分线段。分规试分法等分线段采用圆规，适用于线段不太长，等分数不多的情况，例如，若将已知线段 AB 三等分，其作图方法和步骤如图 1-51 所示。

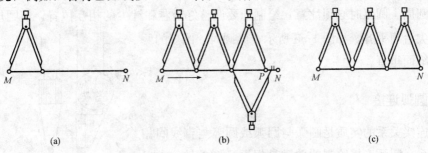

图 1-51 分规试分法等分线段

(a)将分规针尖距目测调整约为 MN/3，然后以 M 点起，进行试分；(b)截取三次得 P 点，视 P 点的具体位置在 MN 之内(或之外)，增加或减少 PN/3 后，再次截取；(c)数次试分，直至分尽为止

4. 角度斜线绘制

绘制 30°、60°、45°、15°和 75°的斜线可采用丁字尺和三角板配合的方法，如图 1-52 所示。

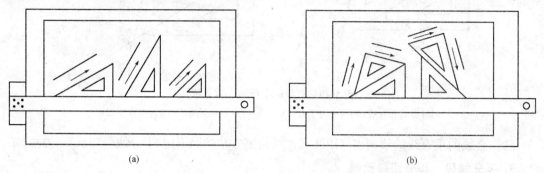

图 1-52 斜线绘制方法

(a)30°、60°、45°斜线绘制；(b)15°、75°斜线绘制

二、圆周、圆弧的绘制

用圆规画圆周、圆弧的方法如图 1-53 所示，先将圆规的铅芯与针尖的距离调整至等于圆周或圆弧的半径，然后用左手食指协助将针尖轻插圆心，用右手转动圆规顶部手柄，按顺时针方向将圆周或圆弧一次绘制而成。画较大圆时，应加延伸杆，使圆规两端都与纸面垂直，如图 1-54 所示。

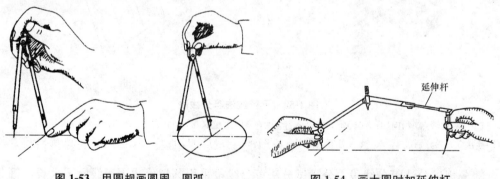

图 1-53 用圆规画圆周、圆弧　　　　图 1-54 画大圆时加延伸杆

绘制圆周、圆弧时必须注意，绘制前要调整好铅芯和针尖的相互位置，使圆规靠拢时，铅芯与针尖台肩平齐，如图 1-55 所示；画圆时，圆规的两脚大致与纸面垂直。

三、圆弧连接

圆弧连接关系的实质是圆弧与圆弧或圆弧与直线间相切时的关系。圆弧连接绘制的关键是根据已知条件，求出连接圆弧的圆心和切点。其作图步骤是：分清连接类别，求出连接弧的圆心，定出切点的位置，画连接圆弧。

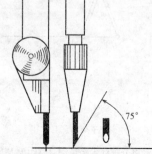

图 1-55 铅芯与针尖台肩平齐

圆弧连接方法见表1-13。

表1-13 圆弧连接方法

项　目	圆弧连接方法	说　明
直线与圆弧连接		用半径为 R 的圆弧连接圆弧 R_1 与直线 L
圆弧与圆弧连接		用半径为 R 的圆弧连接两个已知圆弧 R_1 与 R_2
圆与圆连接		用半径为 R 的圆弧连接两个已知圆 R_1 与 R_2

用圆弧连接已知直线和已知圆弧称为混合连接。这种情况为圆弧与直线连接及圆弧与圆弧连接的综合运用。用圆板连接两已知圆弧有三种情况：圆弧与圆弧外连接、圆弧与圆弧内连接、圆弧与圆弧内外连接。

如用半径为 R 的圆弧连接已知直线 BC 及圆弧 AC，如图1-56所示。

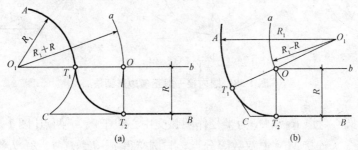

图1-56 用圆弧连接已知直线和圆弧
(a)连接弧与圆弧 AC 外连接；(b)连接弧与圆弧 AC 内连接

四、正多边形的绘制

圆内接正三角形、正方形及正六、八边形，都可以运用30°、45°、60°的三角板配合丁字尺画出。下面以圆内接正五边形和一般正多边形的绘制方法为例，介绍正多边形的绘制。

（一）正五边形的绘制

(1) 以 D 为圆心，DO 为半径作圆弧，交圆于 A、B，连接 AB 与 OD 相交得点 C [图 1-57(a)]。

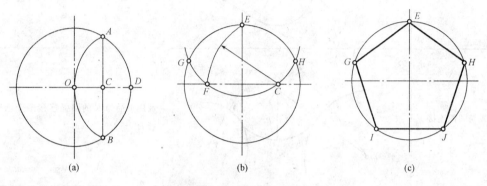

图 1-57　圆内接正五边形画法

(2) 以 C 为圆心过点 E 作圆弧交水平直径于 F，再以 E 为圆心，过 F 作圆弧，交外接圆于 G、H [图 1-57(b)]。

(3) 分别以 G、H 为圆心，弦长 GE 为半径作圆弧，交得 I、J，连 E、G、I、J、H 即得正五边形[图 1-57(c)]。

（二）一般正多边形的绘制

(1) 将直径 MN 分为 7 等份（等分数等于边数，因作正七边形故 7 等分）[图 1-58(a)]，等分法见前述。

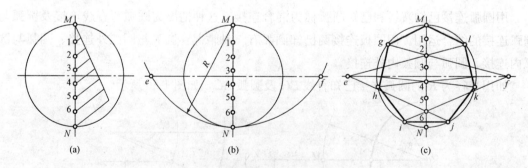

图 1-58　圆内接一般正多边形画法

(2) 以 M 为圆心，以 $R=MN$ 为半径作圆弧交中心线于 e、f 两点[图 1-58(b)]。

(3) 分别自 e、f 连接 MN 上双数等分点，与圆交得 g、h、i、j、k、l 各点，连接 Mg、gh……即得所求正七边形[图 1-58(c)]。

五、椭圆的绘制

已知长轴、短轴时，椭圆的绘制可采用圆规和刻度尺配合完成，具体做法如下：
(1) 已知长轴、短轴为 AB 和 CD，如图 1-59(a)所示。

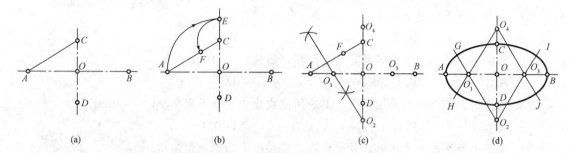

图 1-59　根据长轴、短轴近似作椭圆

(2) 以 O 为圆心，OA 为半径，作圆弧，交 DC 延长线于点 E，以 C 为圆心，CE 为半径，作 $\overparen{EF}$ 交 CA 于点 F[图 1-59(b)]。

(3) 作 AF 的垂直平分线，交长轴于 O_1，又交短轴（或其延长线）于 O_2，在 AB 上截 $OO_3=OO_1$，又在 DC 延长线上截 $OO_4=OO_2$[图 1-59(c)]。

(4) 分别以 O_1、O_2、O_3、O_4 为圆心，以 O_1A、O_2C、O_3B、O_4D 为半径作圆弧，使各弧在 O_2O_1、O_2O_3、O_4O_1、O_4O_3 延长线上的 G、I、H、J 四点处连接[图 1-58(d)]。

本章小结

为了使建筑装饰工程图符合设计、施工等要求，以适应建筑装饰工程建设的需要，我国颁布了《房屋建筑制图统一标准》(GB/T 50001—2010)、《总图制图标准》(GB/T 50103—2010)、《建筑制图标准》(GB/T 50104—2010)、《房屋建筑室内装饰装修制图标准》(JGJ/T 244—2011)等一系列制图标准，主要包含图纸幅面、图线、字体、比例及尺寸标注等内容。建筑装饰工程的图样一般都是借助制图工具和仪器绘制的，了解绘图工具的性能，熟练掌握它们正确的使用方法，经常进行维护、保养，才能保证制图质量，提高绘图速度。此外，为保证建筑装饰工程绘图质量，提高绘图速度，除严格遵守国家制图标准，正确使用绘图工具与绘图仪器外，还应注意绘图的步骤与要求。

复习思考题

一、填空题

1. 工程建设制图中的主要可见轮廓线应选用 _____ 。
2. 图样上的尺寸包括 _____ 、 _____ 、 _____ 、 _____ 。

3. 需要缩微的图纸不宜采用_____mm 的线宽及更细的线宽。

4. 绘制已知线段的等分线段的方法有_____、_____、_____三种。

5. 装饰工程图样中的尺寸起止符号一般用_____绘制，长度宜为 2~3 mm。

二、选择题

1. 工程制图图幅幅面主要有(　　)种。
   A. 2　　　　B. 3　　　　C. 4　　　　D. 5

2. 标高符号的三角形为等腰直角三角形，高约(　　)mm。
   A. 3　　　　B. 4　　　　C. 5　　　　D. 6

3. 绘图时，相互平行的图例线，其净间隙或线中间隙不宜小于(　　)mm。
   A. 0.1　　　B. 0.2　　　C. 0.3　　　D. 0.4

4. 需要书写更大的文字时，其文字高度应按(　　)的比值递增。
   A. $\sqrt{2}$　　B. $\sqrt{3}$　　C. $\sqrt{5}$　　D. $\sqrt{7}$

5. 平行排列的尺寸线的间距，宜为(　　)mm，并应保持一致。
   A. 2~4　　　B. 4~6　　　C. 5~7　　　D. 7~10

三、简答题

1. 图纸幅面有哪几种规格？它们之间有什么关系？
2. 装饰工程常用图线有哪几种？
3. 什么是比例？其具有什么作用？
4. 简述装饰工程制图的一般步骤。
5. 如图 1-60 所示，试作圆的内接正六边形。

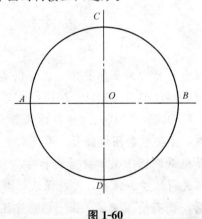

图 1-60

第二章　投影基本知识

学习目标

通过本章的学习，了解投影的形成和分类；熟悉投影的基本特征；掌握三面投影图的绘制方法及投影方法的应用等知识。

能力目标

通过本章的学习，能够进行简单的三面投影图的绘制；能够运用投影方法绘制简单的建筑装饰工程图样。

第一节　投影的分类与特征

在日常生活中，我们经常见到人或物体被阳光或灯光照射后，在地面或墙面上留下人或物的影子的现象，这种影子只能反映人或物某一面的外形轮廓，不能反映其真实的大小和具体的形状。建筑装饰工程制图就是利用了自然界的这种现象，将其科学地抽象和概括：假想所有物体都是透明体，光线能够透过形体面将形成物体的各个点和各条线都在平面上落下它们的影子，这样得到的影子将具体地反映物体的形状，这就是投影。

投影的产生必须具备以下条件(图 2-1)。

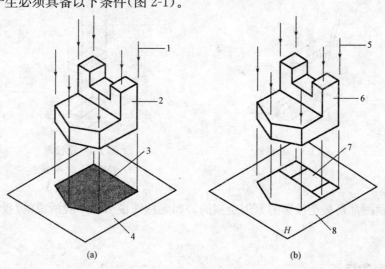

图 2-1　投影的形成

1—光线；2—物体；3—影子；4—地面；5—投影线；6—形体；7—投影图；8—投影面

第一，光线与投影线。
第二，形体，只表示物体的形状和大小，而不反映物体的物理性质。
第三，投影面，即影子所在的平面。

一、投影的相关概念

在实施投影的过程中，我们将物体称为形体，光源称为投影中心，通过物体顶点的光线称为投影线，落影平面称为投影面，透过形体上各点的投影线与投影面的交点称为点的投影。将相应各点的投影连接起来，即得到形体的投影。这样形成的平面图形称为投影图。这种形成投影的方法称为投影法。

二、投影的分类

根据投影中心与投影面的距离和投影线的性质，投影可分为中心投影和平行投影两类。

（一）中心投影

当投影中心距离投影面为有限远，且所有投影线都汇交于一点时，即由一点放射线所产生的投影称为中心投影，如图 2-2 所示。

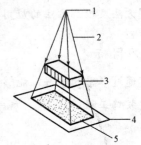

图 2-2 中心投影

1—投射中心；2—投影线；3—物体；
4—投影面；5—中心投影

（二）平行投影

当投影中心距离投影面为无限远时，所有的投影线均可看作互相平行，即由相互平行的投影线所产生的投影称为平行投影，如轴测投影和正投影。根据投影线与投影面的倾角不同，平行投影又分为斜投影和正投影两种。

（1）斜投影。当平行投影线倾斜于投影面时所产生的投影称为斜投影，如图 2-3 所示。

（2）正投影。当平行投影线垂直于投射面时所产生的投影称为正投影，如图 2-4 所示。

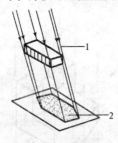 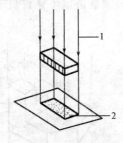

图 2-3 斜投影　　　　　　　　图 2-4 正投影

1—投影线；2—斜投影　　　　1—投影线；2—正投影

一般工程图都是按正投影的原理绘制的，如无特殊说明，一般所说的"投影"均为"正投影"。

三、投影的特征

在工程图绘制过程中，投影图的绘制应遵循投影特征。投影具有的特征见表 2-1。

表 2-1 投影特征

序号	特征	示意图	说 明
1	真实性（全等性）	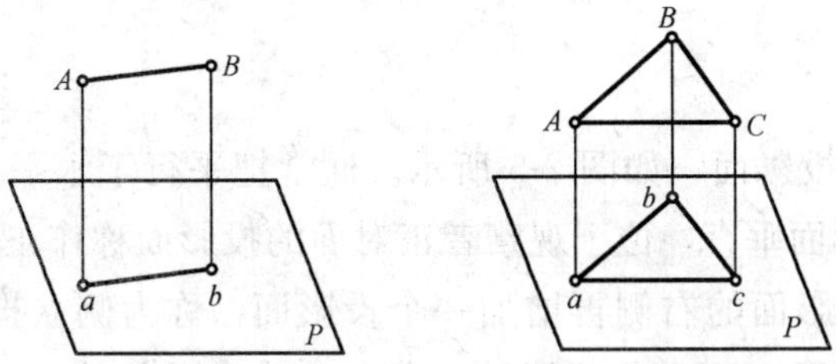 (a) (b)	当直线或平面平行于投影面时，其投影反映实长或实形，即投影是直线或平面的全等形。如：直线 AB 平行于平面 P，其在平面 P 上的投影反映直线 AB 的实长，即 $AB=ab$；平面 ABC 平行于平面 P，其在平面 P 上的投影反映平面 ABC 的真实形状和实际大小，即 $\triangle ABC \cong \triangle abc$
2	积聚性	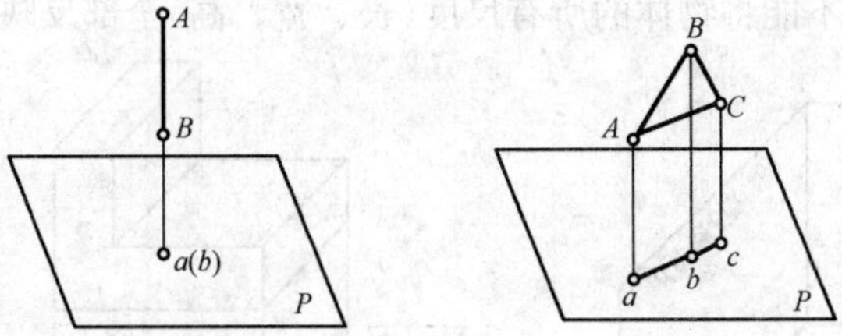 (a) (b)	当直线或平面垂直于投影面或平行于投影线时，它们的投影积聚成点或直线
3	类似性	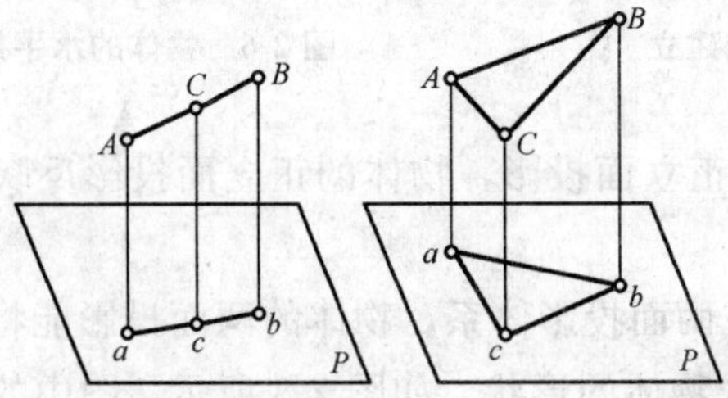 (a) (b)	当直线或平面倾斜于投影面而又不平行于投影线的，其投影与原形类似，即不反映实长或实形。如：直线 AB 或平面 ABC 不平行于投影面 P，直线的投影短于直线实长，即 $ab<AB$；平面 ABC 的投影 abc 仍为平面，但其大小和形状均发生了变化
4	平行性	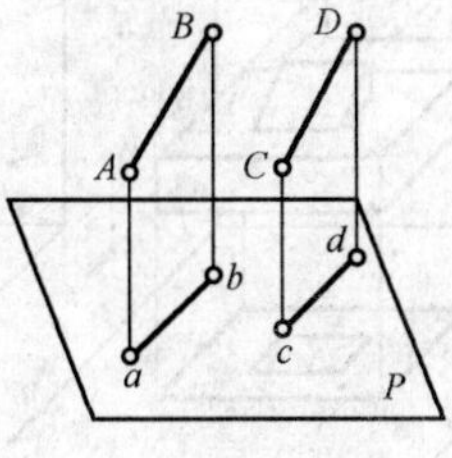	空间互相平行的两直线在同一投影面上的投影保持平行。即：直线 AB 平行于直线 CD，它们在平面 P 上的投影仍平行，即 $AB/\!/CD$，则 $ab/\!/cd$

第二节 三面投影图

一、三面投影图的形成

设空间有三个相互垂直的投影面,如图 2-5 所示。通常把平行于水平面的称作水平投影面,用 H 表示;与水平投影面垂直,位于观察者正对面的投影面称作正立投影面,用 V 表示;在水平投影面和正立投影面的右侧再增加一个投影面,称为侧立投影面,用 W 表示。三个投影面的交线 OX、OY、OZ 称为投影轴,交点 O 称为原点。

一般情况下,要确定某物体的整体形状,用一个投影面是困难的,有些物体可用两个投影面,但大多数物体需用三个投影面。

(1)物体从上向下在水平投影面上的投影为水平投影,反映物体的长度和宽度,如图 2-6 所示,物体的水平投影不能将物体的所有尺度(长、宽、高)全部反映出来。

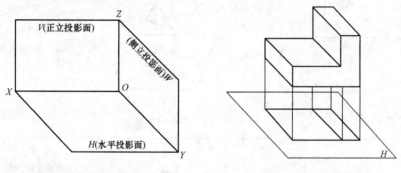

图 2-5 三投影面的建立　　　图 2-6 物体的水平投影

(2)物体从前向后的正投影为正立面投影,物体的正立面投影反映了物体的长度和高度,如图 2-7 所示。

水平投影面与正面投影面构成两面投影体系,物体的两面投影能将其长度、宽度和高度全部反映出来,但是它不能反映物体的形状。如图 2-8 所示,图中的三棱柱和半圆柱是两个不同的形体,其两面投影却完全相同。

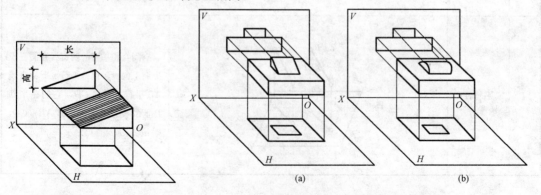

图 2-7 物体的正面投影　　　图 2-8 不同物体的两面投影相同

(3)物体在侧立投影面上的投影为侧面投影,反映形体的宽度和高度,如图2-9所示。

物体的三面投影不仅能确定形体的三个尺度,而且能唯一确定形体的形状,如图2-10所示,其能将三棱柱和半圆柱区别开来。

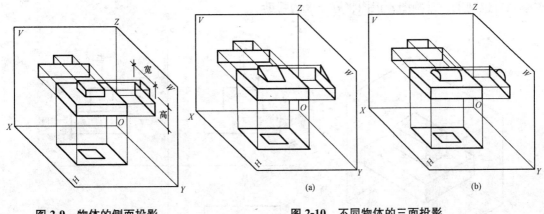

图2-9 物体的侧面投影　　　　　　图2-10 不同物体的三面投影

二、三面投影图的展开

为了把空间三个投影面上得到的投影图画在一个平面上,需要将三个相互垂直的投影面展开,这种将三个投影面摊开在一个平面内的方法叫作三面投影图的展开,如图2-11所示。

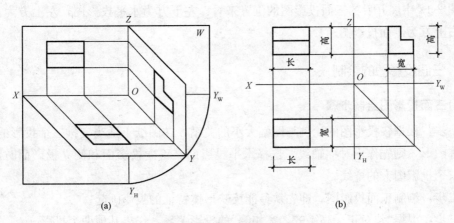

图2-11 三面投影图的展开
(a)展开;(b)投影图

三个投影面展开后,原三面相交的交线 OX、OY、OZ 成为两条垂直相交的直线,原 OY 轴则分为两条,在 H 面上的用 OY_H 表示,在 W 面上的用 OY_W 表示。

由于作物体投影图时,物体的位置不变,展开后,其同时反映物体长度的水平投影和正面投影左右对齐——长对正,同时反映物体高度的正面投影和侧面投影上下对齐——高平齐,同时反映物体宽度的水平投影和侧面投影前后对齐——宽相等。"长对正、高平齐、宽相等"是三面投影图的特点,是画图和看图必须遵循的投影规律。无论是整个物体,还是物体的局部都必须符合这条规律。

在三面投影图中,正面投影图反映物体的左右、上下;水平投影图反映物体的左右、前后;侧面投影图反映物体的前后、上下,如图 2-12 所示。熟练地掌握投影图之间的对应关系及方位判别,对画图、识图将有极大的帮助。

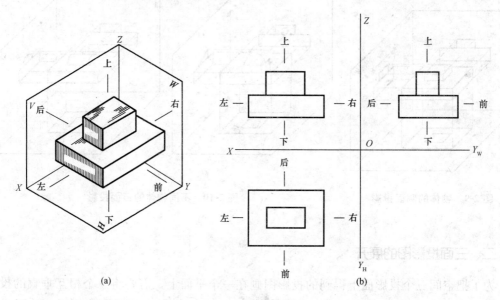

图 2-12 三面投影图方位的对应关系

从图 2-12 中展开后的三面投影图的位置来看:左下方为水平投影图,左上方为正面投影图,右上方为侧面投影图。

三、三面投影图的绘制

(一)三面投影图绘制步骤

第一步:根据各投影图的比例与图幅大小的关系,在图纸上适当安排三个投影的位置。若为对称图形,则先作出对称轴线。选择水平投影面、正立投影面和侧立投影面时,要尽量减少三个投影图上的虚线。

第二步:绘制正面投影图,即先从最能反映形体特征的投影画起。

第三步:根据"长对正、高平齐、宽相等"的投影关系,作出其他两个投影。

(二)三面投影图绘制举例

试绘制图 2-13(a)所示的台阶模型的三面投影图。

(1)台阶模型立体图。它是由长方体切去两块长方体后形成的台阶。箭头表示 V 投影方向[图 2-13(a)]。

(2)绘出外形长方体的三面投影(用细实线打底稿)[图 2-13(b)]。

(3)在长方体三面投影的轮廓线内加绘台阶的三面投影:先加绘台阶的 V 投影,据此再绘 H、W 的投影[如图 2-13(c)箭头所示]。

(4)加粗线型,完成全图[图 2-13(d)]。

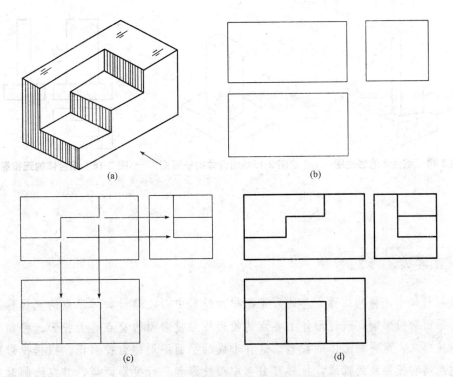

图 2-13 台阶模型的三面投影图
(a)立体图；(b)作长方体投影；(c)切去两个长方体后的形状；(d)擦去多余线条，加粗加深线型

第三节 投影方法的应用

用投影方法绘制建筑装饰工程图样时，常用的图示形式包括透视图、轴测图和正投影图。

一、透视图

图 2-14 所示为应用中心投影法绘制的透视图。该图与照相原理一致，接近人的视觉，故图形逼真，直观性强，一般用于建筑装饰设计方案比较及工艺美术和宣传广告画等。

二、轴测图

图 2-15 所示为应用平行投影法绘制的组合体轴测图。该图形富有立体感，但与透视图相比不够自然直观。在建筑装饰工程图中一般作为辅助性图样。

三、正投影图

图 2-16 所示为应用相互垂直的多个投影面和正投影法绘制的正投影图。该图的优点是作图比较简便，各投影图联合起来能表示形体的真实形状和尺寸，便于施工，但缺乏立体感。

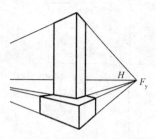
图 2-14 组合体的透视图

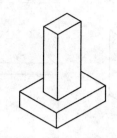
图 2-15 组合体的轴测图

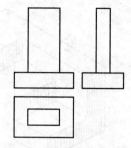
图 2-16 组合体的正投影图

本章小结

在投影过程中，将物体称为形体，光源称为投影中心，通过物体顶点的光线称为投影线，落影平面为投影面，透过形体上各点的投影线与投影面的交点称为投影。将相应各点的投影连接起来，即得到形体的投影。这样形成的平面图形称为投影图。根据投影中心与投影面的距离和投影线的性质，投影可分为中心投影和平行投影两类，其在绘制时应遵循投影特征，即真实性、积聚性、类似性及平行性。用投影方法绘制建筑装饰工程图样时，常用的图示形式有透视图、轴测图和正投影图。

复习思考题

一、填空题

1. 投影法分为_____投影法和_____投影法两大类。
2. 水平投影图主要反映物体的_____。
3. 当直线或平面平行于投影面时，其投影反映_____。
4. 线或平面垂直于投影面或平行于投影线时，它们的投影积聚成_____。
5. 物体的正立面投影反映了物体的_____。

二、选择题

1. 两面投影连线与相应投影轴的关系是(　　)。
   A. 垂直　　　　B. 平行　　　　C. 相交　　　　D. 异面
2. 三面投影体系中，水平面用 H 表示，侧立面用(　　)表示，正立面用(　　)表示。
   A. H　　　　B. V　　　　C. W　　　　D. S
   E. Z
3. 形体的三面投影之间的投影对应关系为(　　)。
   A. 长对正　　　B. 高平齐　　　C. 宽相等　　　D. 长平齐
   E. 高相等

4. 圆锥的侧面投影是(　　)。
   A. 直角三角形　　　　　　B. 圆形
   C. 等腰三角形　　　　　　D. 等腰直角三角形
5. 下列不属于投影特征的是(　　)。
   A. 真实性　　B. 积聚性　　C. 相似性　　D. 平行性

三、简答题

1. 投影主要具有哪些特性？
2. 简述投影面、投影线的定义。
3. 简述三面投影图的投影规律。
4. 简述投影方法的应用。
5. 如图 2-17 所示，AB 为水平线，实长为 15mm，A 点距离 V 面 5mm，求直线的其余两面投影。

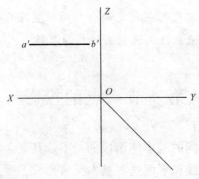

图 2-17

第三章 点、线、面的投影

学习目标

通过本章的学习，了解空间两直线相对位置；掌握点的三面投影的投影规律及作图方法；掌握各种位置直线的投影规律及作图方法；熟悉平面、曲面的形成及投影特性等知识。

能力目标

通过本章的学习，能够根据投影图判定两点相对位置及重影点的可见性；能够熟练运用点、线、面的投影规律进行点、线、面相关问题的求解。

第一节 点的投影

建筑装饰工程物体是由不同的基本体组成的，不管其复杂程度如何，被抽象成几何体后，它们都可以看成由点、直线和平面这些基本元素形成。要正确地绘制和识读建筑装饰形体的投影图，必须掌握组成建筑装饰形体的基本元素的投影特性和作图方法。

一、点的三面投影

设空间点 N 在三面投影体系中，作空间点 N 的三面投影，即过点 N 分别向三个投影面 H、V、W 作投影线，投影线与投影面的交点，就是点 N 在三投影面上的投影，分别用空间点的同名小写字母 n、n'、n'' 表示，过点 N 的三面投影，向投影轴作垂线，与投影轴交于 n_X、n_Y 和 n_Z，如图3-1(a)所示。将点 N 的三面投影图展开，如图3-1(b)所示。去掉边框线，形成点 N 的三面投影图，如图3-1(c)所示。从图3-1(c)中可以得出点在三面投影体系中的投影规律：

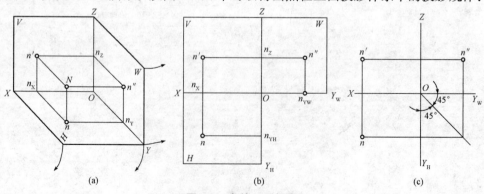

图 3-1 点的三面投影
(a)轴测图；(b)展开投影面；(c)投影图

(1)点的水平投影与正面投影的连线垂直于 OX 轴;
(2)点的正面投影和侧面投影的连线垂直于 OZ 轴;
(3)点的水平投影到 OX 轴的距离等于侧面投影到 OZ 轴的距离,都反映该点到 V 面的距离。
(4)点到某投影面的距离等于其在另两个投影面上的投影到相应投影轴的距离。

由上述规律可知,由已知点的两个投影(含上下、左右、前后三种关系)便可求出第三个投影(只需上下、左右、前后三种关系中的两种)。

【例题 3-1】 已知点 A 到水平面的距离为 3,到正立面的距离为 2,到侧立面的距离为 4,作出 A 点的三面投影。

【解】 点 A 到水平面的距离为 3,则点 A 的正面投影在 OX 轴上方 3,可在 OX 轴上方,作与 OX 轴平行且距离等于 3 的一条直线。点 A 到正立面的距离为 2,表示点 A 的水平投影在 OX 轴下方 2,在 OX 轴的下方,作与 OX 轴平行且距离等于 2 的一条直线。点 A 到侧立面的距离为 4,表示点 A 的正面投影在与 OZ 轴相距 4 的一条直线上。在 OZ 轴的左方,作与 OZ 轴平行,且与 OZ 轴距离为 4 的一条直线,这三条直线的交点即为点 A 的水平投影 a 和正面投影 a',如图 3-2(a)所示。利用三面投影体系中的投影规律,可得到点 A 的侧面投影 a'',如图 3-2(b)所示。

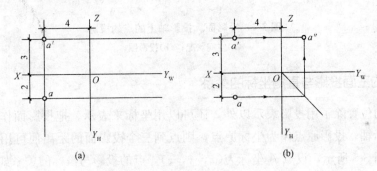

图 3-2 已知点到投影面的距离,作其投影

【例题 3-2】 已知点 M 的水平投影 m 和侧面投影 m'',求其正面投影 m'[图 3-3(a)]。

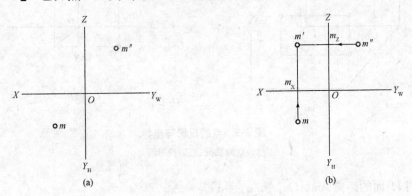

图 3-3 求点的正面投影

【解】 作图:
(1)过 m 作 OX 轴的垂线交 OX 于 m_X(m' 必在 mm_X 的延长线上)。

(2)过 m'' 作 OZ 轴的垂线交 OZ 于 m_Z（m' 必在 $m''m_Z$ 的延长线上），延长 $m''m_Z$ 与 mm_X 的延长线相交，即得点 M 的正面投影 m'[图 3-3(b)]。

如果空间点处于投影面上或投影轴上，即为特殊位置点，如图 3-4 所示。

(1)如果点在投影面上，则点在该投影面上的投影与空间点重合，另两个投影均在投影轴上，如图 3-4(b)中的点 M 和点 N。

(2)如果点在投影轴上，则点的两个投影与空间点重合，另一个投影在投影轴原点，如图 3-4(b)中的点 S。

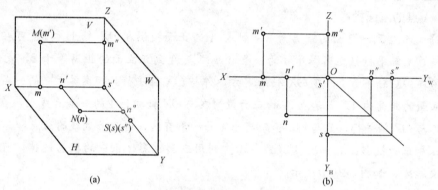

图 3-4 投影面、投影轴上的点的投影
(a)空间状况；(b)投影图

二、点的三面投影与直角坐标的关系

空间点的位置除了用投影表示以外，还可以用坐标来表示。把投影面作为坐标面，投影轴作为坐标轴，投影原点作为坐标原点，则点到三个投影面的距离便可用点的三个坐标来表示，如图 3-5 所示，设点 A 坐标为 (x, y, z)，点的投影与坐标的关系如下：

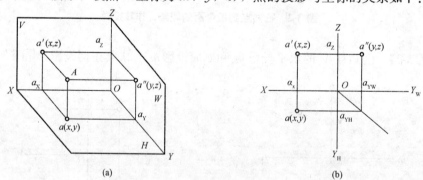

图 3-5 点的投影与坐标
(a)空间状况；(b)投影图

A 点到 H 面的距离 $Aa = Oa_Z = a'a_X = a''a_Y = z$
A 点到 V 面的距离 $Aa' = Oa_Y = aa_X = a''a_Z = y$
A 点到 W 面的距离 $Aa'' = Oa_X = a'a_Z = aa_Y = x$

由此可见，已知点的三面投影就能确定该点的三个坐标；反之，已知点的三个坐标，就能确定该点的三面投影或空间点的位置。

【**例题 3-3**】 已知点 m 的坐标为 $(4,2,3)$，求点 M 的三面投影 m、m' 和 m''（图 3-6）。

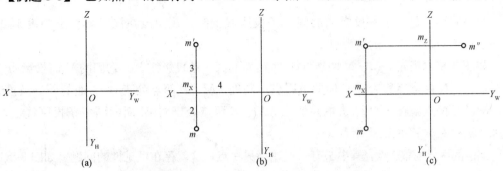

图 3-6 已知点的坐标求其三面的投影

【**解**】 作图：

(1) 如图 3-6(a)所示，画出投影轴，并标出相应的投影轴符号。

(2) 如图 3-6(b)所示，自原点 O 沿 OX 轴向左量取 $x=4$，得 m_X；然后过 m_X 作 OX 轴的垂线，沿该垂线向前量取 2，即得点 M 的水平投影 m，向上量取 3，即得点 M 的正面投影 m'。

(3) 如图 3-6(c)所示，过 m' 作 OZ 轴的垂线交 OZ 轴于 m_Z，沿该垂线向右量取 $y=2$，即得点 M 的侧面投影 m''。

三、两点的相对位置

(一) 相对位置的判定

点的三个坐标 x、y、z 分别表示空间点 A 到投影面 W、V、H 的距离，分别比较两点各坐标的大小，就可判定空间两点的相对位置。

比较 x 坐标的大小，可以判定两点左右的位置关系，x 大的点在左，x 小的点在右。

比较 y 坐标的大小，可以判定两点前后的位置关系，y 大的点在前，y 小的点在后。

比较 z 坐标的大小，可以判定两点上下的位置关系，z 大的点在上，z 小的点在下。

如图 3-7 所示，从水平投影可知，点 A 在点 B 的左前方；从正面投影可知，点 A 在点 B 的左下方，因此点 A 在点 B 的左、前、下方。

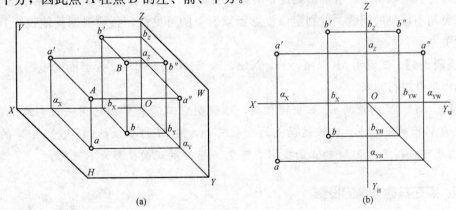

图 3-7 两点的相对位置

(a) 直观图；(b) 投影图

(二)重影点及其可见性

当空间两点位于某一投影面的同一条投影线上时,此两点在该投影面上的投影重合,这两点称为对该投影面的重影点。

如图3-8(a)所示,M、N两点处于对V面的同一条投影线上,它们的V面投影m'、n'重合,M、N两点就称为对V面的重影点。同理,M、P两点处于对H面的同一条投影线上,M、N两点就称为对H面的重影点。M、S两点处于对W面的同一条投影线上,M、S两点就称为对W面的重影点。

当空间两点为重影点,其中必有一点遮挡另一点,这就存在可见性的问题。如图3-8(b)所示,M点和N点在V面上的投影重合为$m'(n')$,M点在前遮挡N点,其正面投影m'是可见的,而N点的正面投影(n')不可见,加括号表示(称前遮后,即前可见后不可见)。同时,M点在上遮挡P点,m为可见,(p)为不可见(称上遮下,即上可见下不可见)。同理,也有左遮右的重影状况(左可见右不可见),如M点遮住S点。

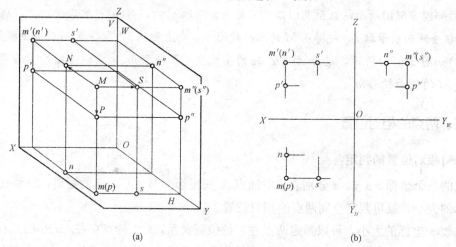

图3-8 重影点的可见性
(a)空间状况;(b)投影图

通过分析可以看出,所谓可见性是对某一投影而言,只有两点的某一投影重合为一点,才有可见与不可见的问题。欲判定该投影面重影点的可见性,必须根据其他投影判定它们的位置关系。

【例题3-4】 试说明$M(3,4,5)$,$N(3,3,5)$两点为哪一个投影面的重影点,并对其投影的可见性进行判断。

【解】 M、N两点的x、z坐标相同,这说明它们位于V面的同一投影线上,故M、N两点为V面的重影点。比较这两点的坐标可知,点M的y坐标(4)大于点N的y坐标(3)。由此可以判定,点M的正面投影为可见,点N的正面投影为不可见。

四、点在其他分角的投影

因为平面是没有边界的,若使V投影面向下延伸,H投影面向后延伸,则两面投影体系可划分为图 3-9 所示的四个分角。

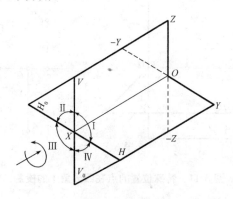

图 3-9　四分角

第一分角（Ⅰ）：位于 V 投影面之前，H 投影面之上。
第二分角（Ⅱ）：位于 V 投影面之后，H 投影面之上。
第三分角（Ⅲ）：位于 H 投影面之下，V 投影面之后。
第四分角（Ⅳ）：位于 H 投影面之下，V 投影面之前。

位于Ⅰ、Ⅱ、Ⅲ、Ⅳ分角的点 A、B、C、D 的投影如图 3-10(a)所示，展开时，让第一分角的 H 投影面向下转动 $90°$，与第四分角的 V_0 投影面重合，则第二分角和第三分角的 H_0 投影面向上转动 $90°$，与第一分角的 V 投影面重合。投影图如图 3-10(b)所示。

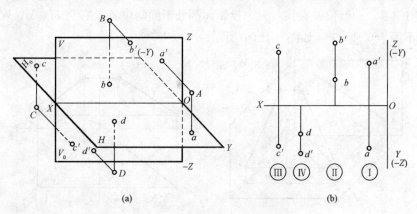

图 3-10　点在四个分角中的投影

点 A 在第一分角内：V 投影在 OX 轴上方，H 投影在 OX 轴下方。
点 B 在第二分角内：V 投影和 H 投影都在 OX 轴上方。
点 C 在第三分角内：V 投影在 OX 轴下方，H 投影在 OX 轴上方。
点 D 在第四分角内：V 投影和 H 投影都在 OX 轴下方。

不同分角的点的投影，仍然遵守点的水平投影与正面投影的连线垂直于 OX 轴，点的正面投影到 OX 轴的距离等于点到水平投影面的距离，点的水平投影到 OX 轴的距离等于点到正立投影面的距离的规律。

位于投影面和投影轴上的点的投影如图 3-11 所示。

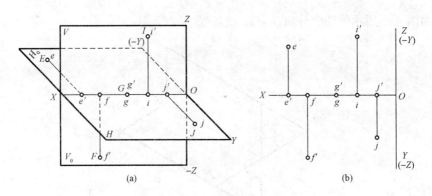

图 3-11 特殊位置的点在四分角中的投影

第二节 线的投影

由于空间任意两个点可以确定一条直线,因此直线的投影也可以由直线上两点的投影确定。只要作出直线上两个点的投影,再将同一投影面上两点的投影连起来,即直线的投影。

一、一般位置直线

(1)空间位置。一般位置直线对三个投影面都处于倾斜位置,它与 H、V、W 面的倾角 α、β、γ 均不等于 $0°$ 或 $90°$,如图 3-12(a)所示。

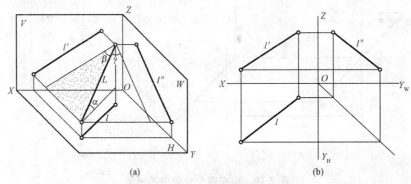

图 3-12 直线的投影

(a)空间状况;(b)投影图

(2)投影特性。如图 3-12(a)所示,将直线 L 向投影面 H 作投影,该投影在空间形成了一个平面,这个平面与投影面 H 的交线 l 就是直线 L 的 H 面投影。

绘制一条直线的三面投影图,可将直线上两点的各同面投影相连,便可得到直线的投影,如图 3-12(b)所示。

一般位置直线的投影特性为:一般位置直线的三个投影均倾斜于投影轴,均不反映实长,也无积聚性;三个投影与投影轴的夹角均不反映直线与投影面的夹角。

二、投影面平行线

(一)投影面平行线的类型

平行于一个投影面而倾斜于另两个投影面的直线称为投影面平行线。投影面平行线可分为：

(1)正平线：平行于正立投影面而倾斜于水平投影面和侧立投影面的直线。
(2)水平线：平行于水平投影面而倾斜于正立投影面和侧立投影面的直线。
(3)侧平线：平行于侧立投影面而倾斜于水平投影面和正立投影面的直线。

(二)投影面平行线的投影特性

(1)直线在所平行的投影面上的投影反映实长。
(2)其他投影平行于相应的投影轴。
(3)反映实长的投影与投影轴的夹角等于空间直线对其他两个非平行投影面的倾角。

(三)投影面平行直线投影图及其投影规律

各种投影面平行直线投影图及其投影规律见表3-1。

表3-1 各种投影面平行直线投影图及其投影规律

名称	直观图	投影图	投影规律
正平线 (AB//V面)	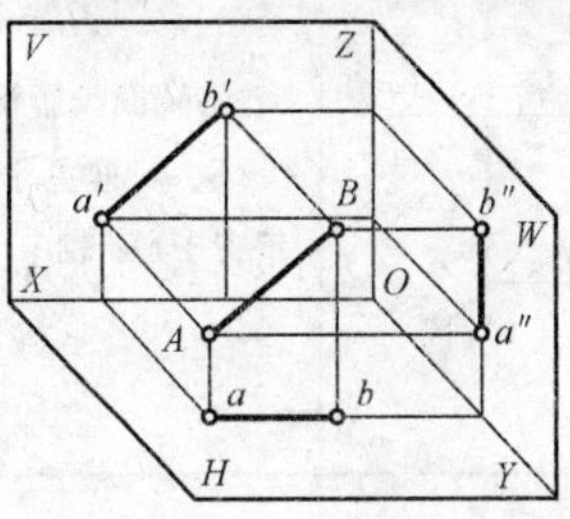	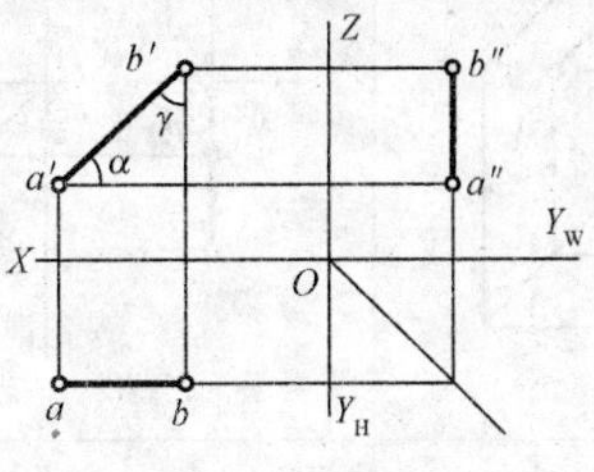	(1)$a'b'=AB$； (2)V面投影反映α，γ； (3)ab平行于OX轴，$a''b''$平行于OZ轴
水平线 (AB//H面)	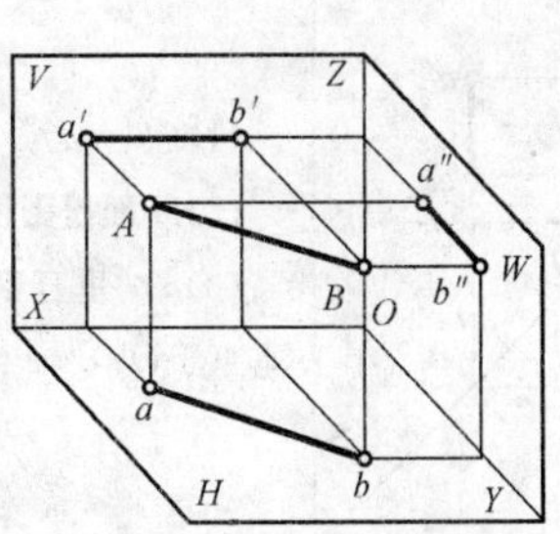	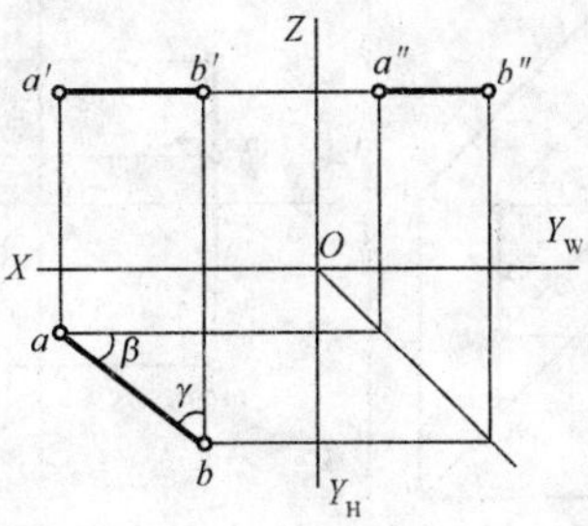	(1)$ab=AB$； (2)H面投影反映β，γ； (3)$a'b'$平行于OX轴，$a''b''$平行于OY_W轴
侧平线 (AB//W面)	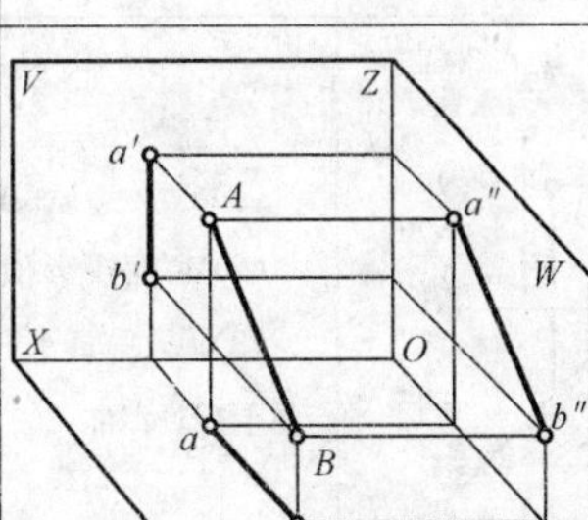	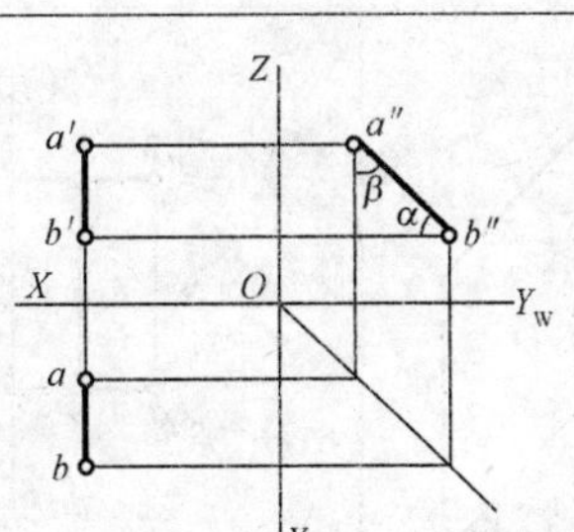	(1)$a''b''=AB$； (2)W面投影反映α，β； (3)$a'b'$平行于OZ轴，ab平行于OY_H轴

三、投影面垂直线

(一)投影面垂直线的类型

垂直于任一投影面的直线称为投影面垂直线,投影面垂直线又可分为:

(1)正垂线:垂直于 V 面且与其他两投影面都平行的直线。

(2)铅垂线:垂直于 H 面且与其他两投影面都平行的直线。

(3)侧垂线:垂直于 W 面且与其他两投影面都平行的直线。

(二)投影面垂直线的投影特性

(1)投影面垂直线在垂直的投影面上的投影积聚为一点。

(2)在另外两个投影面上的投影分别垂直于相应的投影轴,并反映实长。

(三)投影面垂直线投影图及其投影规律

各种投影面垂直线投影图及其投影规律见表3-2。

表3-2 各种投影面垂直线投影图及其投影规律

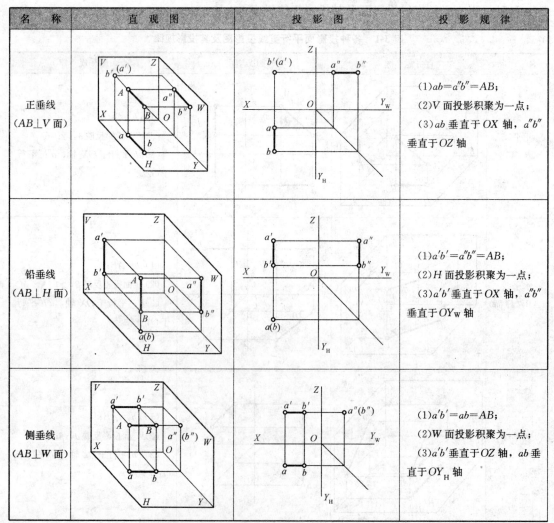

名 称	直 观 图	投 影 图	投 影 规 律
正垂线 ($AB \perp V$ 面)			(1)$ab=a''b''=AB$; (2)V 面投影积聚为一点; (3)ab 垂直于 OX 轴,$a''b''$ 垂直于 OZ 轴
铅垂线 ($AB \perp H$ 面)			(1)$a'b'=a''b''=AB$; (2)H 面投影积聚为一点; (3)$a'b'$ 垂直于 OX 轴,$a''b''$ 垂直于 OY_W 轴
侧垂线 ($AB \perp W$ 面)			(1)$a'b'=ab=AB$; (2)W 面投影积聚为一点; (3)$a'b'$ 垂直于 OZ 轴,ab 垂直于 OY_H 轴

四、直线上的点

(一)直线上点的投影

直线是一些有规律的点的集合,这些有规律的点的投影也应该在直线的同面投影上,反之,如果一个点的三面投影在一直线的同面投影上,则该点必为直线上的点。

(二)直线上点的定比性

直线上的一点把直线分成两段,这两段线段的长度之比就等于它们相应的投影之比。这种比例关系称为定比关系。如图 3-13 所示,直线 AB 上有一点 C,则 C 点的三面投影必定在 AB 的相应投影上,并且满足

$$AC:CB=a'c':c'b'=ac:cb=a''c'':c''b''$$

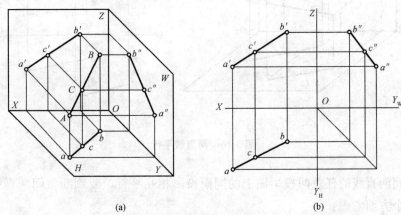

图 3-13 直线上的点
(a)直观图;(b)投影图

【**例题 3-5**】 如图 3-14 所示,已知直线 AB 的投影 ab 和 $a'b'$,在直线上取点 C,使 $AC:CB=3:2$,求点 C 的投影。

【**解**】 作法:

(1)过 a 任意作一直线,在其上任取等长的五个单位,连接 $5b$,如图 3-15 所示。

(2)过 3 作 $5b$ 的平行线交 ab 于 c,过 c 作 OX 轴的垂直线,交 $a'b'$ 于 c',c、c' 即为点 C 的两投影。

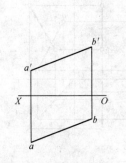

图 3-14 求直线 AB 上分点的投影

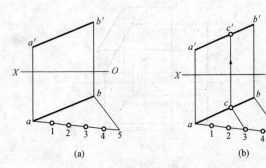

图 3-15 作直线 AB 上分点 C 的投影

五、两直线的相对位置

空间两直线的相对位置有三种，即平行、相交和交叉。其中平行两直线和相交两直线称为共面线，交叉两直线不在同一平面内的称为异面线。

（一）两直线平行

根据平行投影的特性，空间两直线平行，则它们的同面投影也互相平行，如图3-16所示。反之，两直线的三面投影如果平行，则空间两直线必平行。

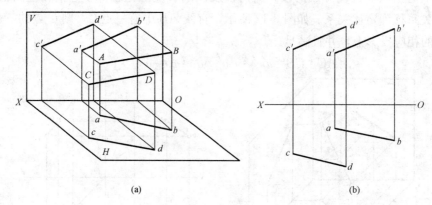

图 3-16 两直线平行

如果空间两直线的任意两投影面上的同面投影相互平行，要判断空间两直线是否平行应从以下三个方面考虑：

第一，如果两直线为一般位置直线，它们在任意两投影面上的同面投影平行，则空间两直线互相平行。

第二，如果两直线为投影面平行线，要判定它们在空间是否平行，则要看它们在平行的投影面上的投影是否平行。如图 3-17 所示，图 3-17(a) 中侧平线 AB、CD 的侧面投影平行，所以空间两直线平行；图 3-17(b) 中侧平线 AB、CD 的侧面投影不平行，所以空间两直线 AB、CD 不平行。

第三，同一投影面上的投影面垂直线必然平行。

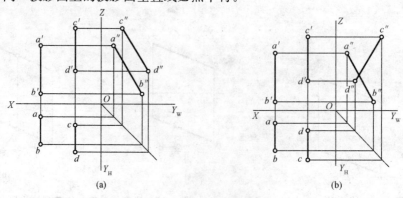

图 3-17 判别两侧平线是否平行

【例题 3-6】 过点 P 作直线 PQ，使之与直线 MN 平行，并使 $MN：PQ=3：2$[图 3-18(a)]。

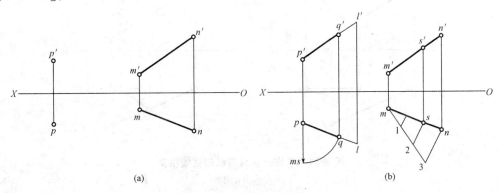

图 3-18 求作已知直线的平行线
(a)已知；(b)作图

【解】 作图[图 3-18(b)]：
(1)过 p 作 $pl//mn$、$p'l'//m'n'$。
(2)过 m 任作一直线，截取直线为三等份，等分点为 1、2、3。
(3)连接 $3n$，过 2 点作 $3n$ 的平行线，与 mn 相交得 s 点。
(4)在 pl 直线上量取 $pq=ms$，pq 即为 PQ 在 H 面的投影。
(5)过 p 点作 OX 的垂直线，交 $p'l'$ 于 q' 点，$p'q'$ 即为 PQ 在 V 面的投影。

(二)两直线相交

两直线相交必然有一个交点，该交点是两直线的公共点，这个公共点的投影也应该是两直线投影的公共点。因此，两直线相交，其同面投影必相交，且交点的投影符合点的投影规律，如图 3-19 所示。

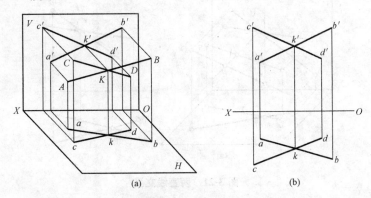

图 3-19 两直线相交

(1)两相交直线的同面投影必定相交，且投影的交点就是空间两直线交点的投影。
(2)交点分线段所成的比例等于交点的投影分线段同面投影所成的比例。

【例题 3-7】 求作距水平投影面 H 的距离为 d 的直线 AB 与直线 CD 和 EF 相交[图 3-20(a)]。

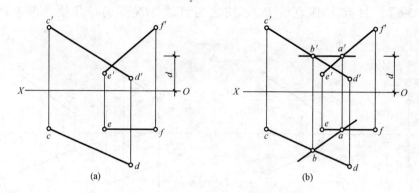

图 3-20 求作一直线与已知直线相交
(a)已知；(b)作图

【解】 作图[图 3-20(b)]：
(1)在正面投影图上，距离 OX 轴 d 作 OX 轴的平行线，分别与 $c'd'$ 和 $e'f'$ 交于 b' 和 a'；
(2)过 a' 和 b' 作 OX 轴的垂线，分别交 ef 于 a、交 cd 于 b；
(3)连接 ab，即为所求。

(三)两直线交叉

若空间两直线交叉，则它们的同面投影可能有一个或两个平行，但不会三个同面投影都平行；它们的同面投影可能有一个、两个或三个相交，但交点不符合点的投影规律(交点的连线不垂直于投影轴)。

如图 3-21 所示，交叉两直线 AB 与 CD 的水平投影和正面投影都出现了交点，但两交点的连线不与 OX 轴垂直，因此，这两个交点不是两直线交点的投影，而是 AB 线与 CD 线重影点的投影。

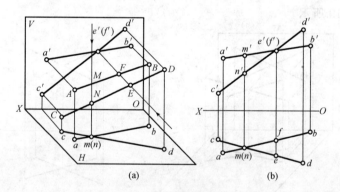

图 3-21 两直线交叉
(a)已知；(b)作图

(四)两直线垂直

互相垂直的两直线，可能相交，也可能交叉。在一般情况下，它们的投影均不反映直角，只有当互相垂直的两直线中有一条平行于某一投影面时，它们在该投影面上的投影才反映直角。

1. 两直线垂直相交

如图 3-22(a)所示，直线 AB 垂直于直线 BC，其中 AB 是水平线，因此 AB 垂直于 Bb，也垂直于平面 BCcb，由于 ab 平行于 AB，则 ab 垂直于平面 BCcb，因而 ab 也垂直于该面上的 bc，即 ∠abc＝90°，如图 3-22(b)所示。

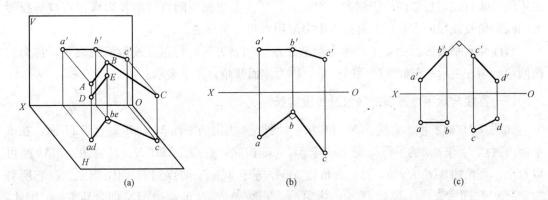

图 3-22 两直线垂直
(a)直观图；(b)相交垂直投影图；(c)交叉垂直投影图

2. 两直线垂直交叉

直角投影定理同样适用于交叉两直线互相垂直，如图 3-22(a)所示，BC、DE 是互相垂直交叉两直线，作一直线 AB 平行于 DE 且与 BC 垂直相交。和垂直相交两直线相同，垂直交叉两直线中，只要有一直线平行于某一投影面，则该投影面上的投影为直角，如图 3-22(c)所示，正平线 AB 与一般位置直线 CD 是交错两直线，延长 a'b' 和 c'd'，如果它们的夹角是直角，则 CD⊥AB。

【例题 3-8】 如图 3-23(a)所示，过点 M 作直线 MN 与水平线 PQ 相交垂直。

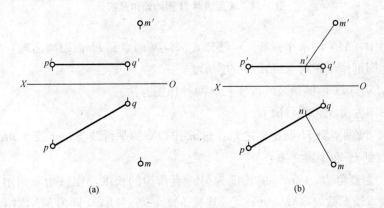

图 3-23 作 AB 的垂线

【解】 作图[图 3-23(b)]：
(1)过 m 作 pq 的垂线，与 pq 相交于 n。
(2)过 n 作 OX 轴的垂线，与 p'q' 相交于 n'，连接 n'、m'，即得 mn 的正面投影 m'n'。

六、直线与投影面的倾角及线段的实长

投影面平行直线和投影面垂直直线在某一投影面上的投影总能反映空间直线段的实长及其与投影面的真实倾斜角,但一般位置直线在各投影面上的投影既不能反映线段的实长,也不能反映直线与投影面的倾斜角。因此,经常需要根据空间直线的投影求出直线与投影面的倾斜角及线段的实长,求解过程中多采用直角三角形法。

直线与水平投影面的夹角,称为水平倾角,用 α 表示;与正立投影面的夹角,称为正面倾角,用 β 表示;与侧投影面的夹角,称为侧面倾角,用 γ 表示。

(一)直线与水平投影面的倾角及线段实长

如图 3-24(a)所示,直线 MN 与其水平投影 mn 决定的平面 $MNnm$ 垂直于 H 面,在该平面内过点 N 作 mn 的平行线交 Mm 于 M_0,则构成一直角 $\triangle MM_0N$。从直角 $\triangle MM_0N$ 可以看出,直角边 $M_0N=mn$,另一直角边 MM_0 等于 M、N 两点到 H 面距离之差;它所对的 $\angle MNM_0$ 即为直线 MN 对 H 面的倾角 α;直角 $\triangle MM_0N$ 的斜边 MN 即为其实长。因此,只要求出直角 $\triangle MM_0N$ 的实形,即可求得 MN 对 H 面的倾角 α 及其实长。

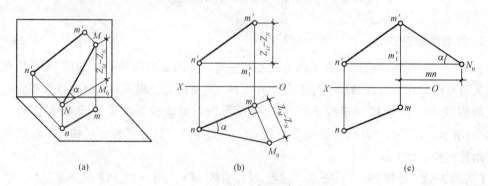

图 3-24 求直线对 H 面的倾角及实长

在投影图中,MN 的水平投影 mn 已知,M、N 两点到 H 面距离之差,可由其正面投影求得,由此即可作出直角 $\triangle MM_0N$ 的实形。

求直线 MN 与 H 面倾角及线段实长有两种作图方法:

第一种作图方法[图 3-24(b)]:

(1)求 M、N 两点到 H 面距离之差:过 n' 作 OX 的平行线与 mm' 交于 m'_1,则 $m'm'_1$ 等于 M、N 两点到 H 面距离之差;

(2)以 mn 为直角边,$m'm'_1$ 的长度为另一直角边的长度,作直角三角形:过 m 作 mn 的垂线,在该垂线上截取 $mM_0=m'm'_1$,连接 nM_0,则 $\angle M_0nm$ 即为 MN 对 H 面的倾角 α,M_0n 的长度即为 MN 的实长。

第二种作图方法[图 3-24(c)]:

(1)过 n' 作 OX 的平行线与 mm' 交于 m'_1,mm'_1 即为 M、N 两点到 H 面的距离之差;

(2)在 $n'm'_1$ 的延长线上截取 $m'_1N_0=mn$,并连接 m'、N_0,则 $\angle m'_1N_0m'=\alpha$,$m'N_0=MN$,显然,图 3-24(b)中的直角 $\triangle M_0mn$ 和图 3-24(c)中的直角 $\triangle m'm'_1N_0$ 是两个全等直

角三角形，且等于图 3-24(a)所表示的直角△MM_0N。

(二)直线与正立投影面的倾角及线段实长

如图 3-25(a)所示，直线 AB 的正面投影为 $a'b'$，直线 AB 与平面 $ABb'a'$ 垂直于 V 面，在平面 $ABb'a'$ 内过点 A 作 $a'b'$ 的平行线交 Bb' 于 B_0，则构成一直角△AB_0B。从该直角三角形得知，直角边 $AB_0=a'b'$，另一直角边 BB_0 等于 B、A 两点到 V 面的距离之差，它所对的∠BAB_0，即为直线对 V 面的倾角 β；直角△AB_0B 的斜边 AB，即为线段 AB 实长。

在投影图中，AB 的正面投影 $a'b'$ 已知，B、A 两点到 V 面距离之差，可由其水平投影求得。具体做法有如下两种：

第一种作法［图 3-25(b)］：

(1)求 B、A 两点到 V 面距离之差：过 a 作 OX 的平行线交 bb' 于 b_1，则 bb_1 等于 A、B 两点到 V 面距离之差。

(2)以 $a'b'$ 为一直角边，bb_1 的长度为另一直角边的长度，作出直角△$B_0b'a'$，则∠$b'a'B_0$ 即为直线 AB 对 V 面的倾角 β，$a'B_0=AB$。

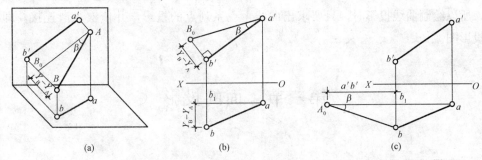

图 3-25 求直线对 V 面的倾角及实长

第二种作法［图 3-25(c)］：

过 a 作 OX 的平行线交 bb' 于 b_1，在 ab_1 的延长线截取 $b_1A_0=a'b'$，并连接 A_0、b，则∠$bA_0b_1=\beta$，$A_0b=AB$，显然，图 3-25(b)、(c)中的△$B_0b'a'$、△bb_1A_0 与图 3-25(a)中的△AB_0B 为全等直角三角形。

(三)直线与侧投影面的倾角及线段实长

直线对 W 面的倾角 γ 的求法，可根据求 α、β 的原理进行。所不同的是，求 γ 角是以线段的侧面投影和两端点到 W 面的距离差，作为直角三角形的两个直角边。

七、曲线投影

曲线可以看作一个不断改变运动方向的点的轨迹。根据点的运动方向有无一定规律，可将曲线分为规则曲线和不规则曲线。凡曲线所有的点都在同一平面上的，称为平面曲线，凡曲线上四个连续的点不在同一平面上的，称为空间曲线，如图 3-26(a)所示。

一般情况下，曲线的投影仍为曲线。当平面曲线所在的平面垂直于投影面时，则曲线的投影积聚为一直线，如图 3-26(b)所示；当平面曲线所在的平面平行于投影面时，则曲线的投影反映其实形，如图 3-26(c)所示。

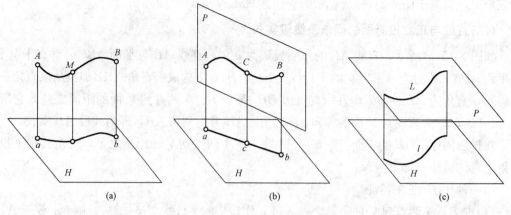

图 3-26 曲线的投影
(a)空间曲线；(b)投影积聚为直线；(c)投影面平行线

因为曲线是点的集合，曲线上的点对曲线有从属关系，即该点的投影在曲线的同面投影上，所以绘制曲线投影时，只要求出曲线上一系列点的投影，并依次光滑连接，即得曲线的投影图。

第三节 面的投影

一、平面的表示方法

确定平面的几何元素主要包括不在同一直线上的三点、一直线和线外一点、两相交直线、平面图形（即平面的有限部分，如三角形等）、两平行直线，如图 3-27 所示。

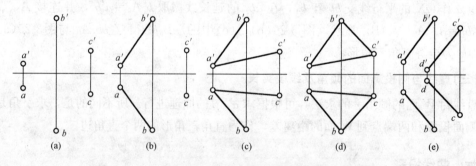

图 3-27 用几何元素表示平面
(a)不在同一直线上的三点确定一平面；(b)一直线和线外一点确定一平面；
(c)两相交直线确定一平面；(d)平面图形确定一平面；(e)两平行直线确定一平面

另外，用迹线也可以表示平面，迹线是指平面与投影面的交线，如图 3-28 所示。P 平面与 H 面的交线称为水平迹线，用 P_H 表示；P 平面与 V 面的交线称为正面迹线，用 P_V 表示；P 平面与 W 面的交线称为侧面迹线，用 P_W 表示。

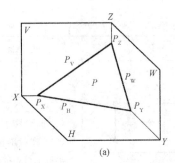
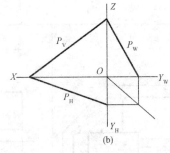

图 3-28　用迹线表示平面

二、平面与投影面的相对位置

根据平面对投影面的相对位置不同,可分为三种情况:与三个投影面都倾斜的平面,称为一般位置平面;与任一投影面平行的平面,称为投影面平行面;与任一投影面垂直的平面,称为投影面垂直面。平面与投影面的倾角分别用 α、β、γ 表示,α 表示平面与水平投影面的倾角,β 表示平面与正立投影面的倾角,γ 表示平面与侧立投影面的倾角。

(一)一般位置平面

由于一般位置平面与三个投影面均处于倾斜位置,所以平面图形的三个投影均不反映实形,也无积聚性,而是原图形的类似形,如图 3-29 所示。

分析图 3-29,可以得出一般位置平面的投影特性为:

(1)三面投影均不反映空间平面图形的实形,仅相类似于空间平面图形,且面积小于空间平面图形的面积。

(2)平面图形的三面投影均不反映该平面与投影面的倾角。

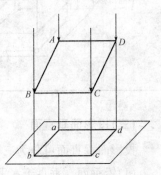

图 3-29　一般位置平面投影

(二)投影面平行面

投影面平行面可分为三种:

(1)水平面。平行于水平投影面而垂直于正立投影面和侧立投影面的平面。

(2)正平面。平行于正立投影面而垂直于水平投影面和侧立投影面的平面。

(3)侧平面。平行于侧立投影面而垂直于水平投影面和正立投影面的平面。

用平面图形表示的投影面平行面,在所平行的投影面的投影反映该平面图形的实际形状,其他两个投影具有积聚性,各形成一段直线,且平行于相应的投影轴,如表 3-3 所示。

表 3-3　用平面图形表示的投影面平行面

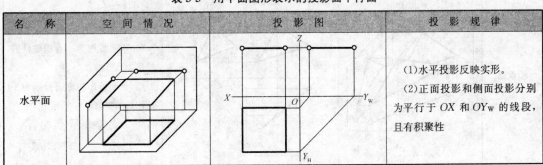

名　称	空　间　情　况	投　影　图	投　影　规　律
水平面			(1)水平投影反映实形。(2)正面投影和侧面投影分别为平行于 OX 和 OY_W 的线段,且有积聚性

续表

名 称	空 间 情 况	投 影 图	投 影 规 律
正平面			(1)正面投影反映实形。 (2)水平投影和侧面投影分别为平行于 OX 和 OZ 的线段,且有积聚性
侧平面			(1)侧面投影反映实形。 (2)水平投影和正面投影分别为平行于 OY_H 和 OZ 的线段,且有积聚性

(三)投影面垂直面

投影面垂直面可分为三种:

(1)铅垂面。垂直于水平投影面而倾斜于正立投影面和侧立投影面的平面。

(2)正垂面。垂直于正立投影面而倾斜于水平投影面和侧立投影面的平面。

(3)侧垂面。垂直于侧立投影面而倾斜于水平投影面和正立投影面的平面。

用平面图形表示的投影面垂直面,在所垂直的投影面上的投影为一段直线,具有积聚性,其他两个投影均为该平面图形的类似形,如表3-4所示。

表3-4 用平面图形表示的投影面垂直面

名 称	空 间 情 况	投 影 图	投 影 规 律
铅垂面			(1)水平投影为一有积聚性的线段,且反映 β、γ 角; (2)正面投影和侧面投影为平面图形的类似形

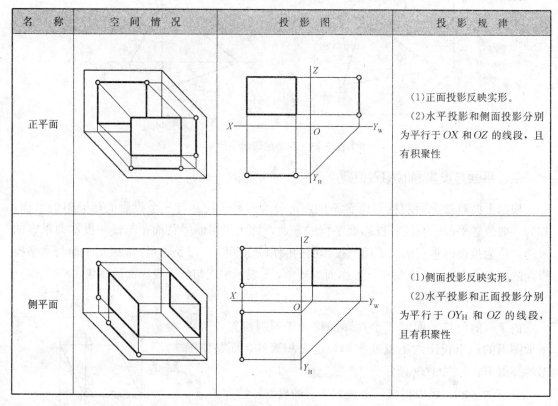

续表

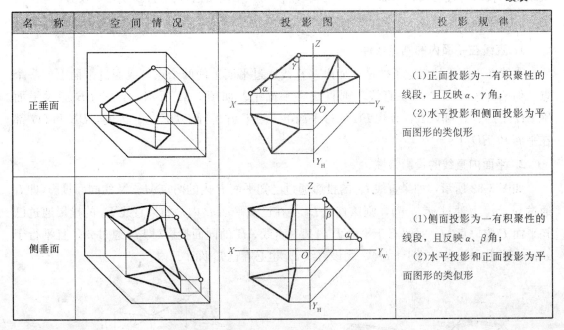

【例题3-9】 已知等腰直角△ABC平面垂直于V面以及AB的两面投影,作此等腰直角三角形的三面投影图[图3-30(a)]。

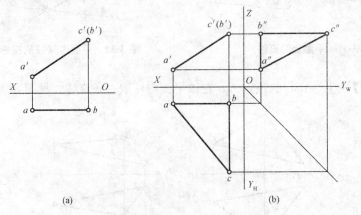

(a)   (b)

图 3-30 求作三角形的三面投影

(a)已知；(b)作图

【解】 作图[图3-30(b)]：

(1)过b点作$bc \perp OX$轴,且截取$bc = a'b'$;

(2)连ac即为等腰直角△ABC的水平投影；

(3)等腰直角△ABC是一正垂面,正面投影积聚$a'c'$,分别求出a''、b''、c''连线,即为等腰直角△ABC的侧面投影。

三、平面内的直线和点

直线或点在平面上,则直线或点的投影必然在该平面的相应投影上。根据平面上的直线或点的投影特性可以在平面上取直线或取点,即作出平面上某些直线或点的投影。

(一)平面内的直线

1. 直线在平面内的判定条件

直线在平面上的判定条件是,如果一直线通过平面上的两个点,或通过平面上的一个点,但平行于平面上的一直线,则直线在平面上。如图 3-31 所示,直线 BE 通过平面 $BCED$ 上的点 B 和点 E,直线 FG 通过平面上一点 F 并平行于 DE 边。因此,BE 和 FG 都在平面 $BCED$ 上。

2. 平面内直线的投影特性

如图 3-32 所示,如果直线 L_1 的投影通过已知平面 P 内的两点 M、N 的同面投影(即 l_1 通过 m、n,l_1' 通过 m'、n'),则该直线 L_1 必在已知平面 P 内;如果直线 L_2 的投影通过已知平面 P 内一点 M,且平行于平面 P 内某一直线 AB 的同面投影(即 l_2 通过 m,且平行于 ab;l_2' 通过 m',且平行于 $a'b'$),则该直线 L_2 也必在已知平面 P 内。

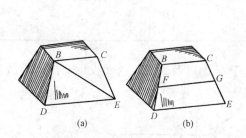

图 3-31 平面上的直线

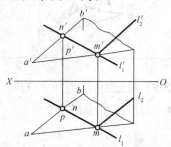

图 3-32 平面内直线的投影特性

【例题 3-10】 过△ABC 的顶点 A,在该平面内任取一条直线,见图 3-33(a)。

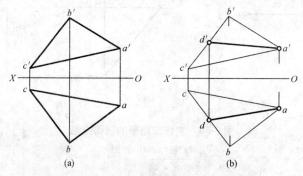

图 3-33 在平面内取直线

【解】 作图[图 3-33(b)]:

根据直线上点的投影特性,画出 BC 上任一点 D 的投影 d、d',分别连接 a、d 和 a'、d',则直线 $AD(ad, a'd')$ 必在△ABC 平面内。

3. 平面内特殊位置直线

平面内特殊位置直线是指平面上与投影面平行的直线以及与投影面成最大倾斜角度的直线。

(1)平面内的水平线以及对水平投影面的最大斜度线。

平面内平行于水平投影面 H 的直线,称为平面内的水平线;平面内所有水平线都互相平行,既符合平面内的几何条件,又具有水平线的投影特性,其同面投影相互平行,反映线段的实长。

平面上与水平投影面成最大倾斜角度的直线叫平面上对水平投影面的最大斜度线,平面上所有对水平投影面的最大斜度线也都互相平行。

如图 3-34 所示,CD 是平面 $\triangle ABC$ 上的一水平线,且通过 $\triangle ABC$ 上的两点 C、D,BE 是平面 $\triangle ABC$ 上的一条对 H 面的最大斜度线。$c'd'$ 平行于 OX 轴,CD、BE 两直线互相垂直。BE 直线对 H 面的倾角就等于平面 $\triangle ABC$ 对 H 面的倾角 α。

(2)平面上的正(侧)平线以及对正(侧)立投影面的最大斜度线。

平面上平行于正(侧)立投影面的直线,称为平面上的正(侧)平线。

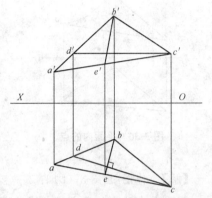

图 3-34 平面上的水平线及对 H 面的最大斜度线图

平面上与正(侧)立投影面成最大倾斜角度的直线,叫平面上对正(侧)立投影面的最大斜度线。

平面上所有的正(侧)平线都互相平行,平面上所有对正(侧)立投影面的最大斜度线也都互相平行,而且这两组平行线互相垂直。

(二)平面内的点

1. 点在平面内的判定条件

点在平面内的判定条件是,如果点在平面内的一条直线上,则点在平面内。如图 3-35 所示,点 P 在直线 MN 上,而 MN 在 $\triangle ABC$ 上,因此,点 P 在 $\triangle ABC$ 上。

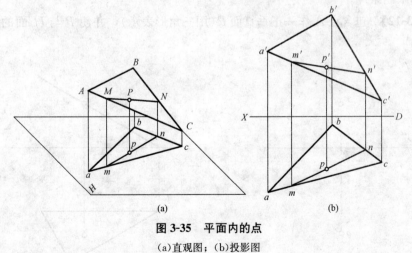

图 3-35 平面内的点
(a)直观图;(b)投影图

2. 平面内点的投影特性

如图 3-36 所示,如果点 M 的投影在已知平面 P 内某一直线 AB 的同面投影上(即 m、

m' 分别位于 ab、$a'b'$ 上),且符合点的投影规律,则该点 M 必在已知平面 P 内。

因此,要在平面内取点,必须先在平面内确定通过该点的直线。

【**例题 3-11**】 已知 △ABC 内点 M 的水平投影 m,求其正面投影 m'[图 3-37(a)]。

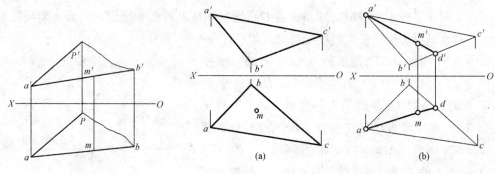

图 3-36 平面内的点　　　　　　图 3-37 在平面内取点

【**解**】 作图[图 3-37(b)]:

用平面内的已知两点确定辅助线。

(1)在水平投影上过 m 任作一直线 ad,作为过点 M 的辅助线的水平投影;

(2)求出辅助线 AD 的正面投影 $a'd'$;

(3)过 m 向上作 OX 轴的垂线,与 $a'd'$ 相交,即得点 M 的正面投影 m'。

因为辅助线 AD 在 △ABC 内,点 M 的投影又在 AD 的同面投影上,所以点 $M(m、m')$ 一定在 △ABC 平面内。

(三)包含点或直线作平面

如果没有附加条件,包含点或直线可作无数个平面,因此包含点或直线作平面,一般都加一定的限制条件。

【**例题 3-12**】 包含点 A 作一正垂直面 P(用三角形表示),并使 P 与 H 面的倾角为 $30°$ [图 3-38(a)]。

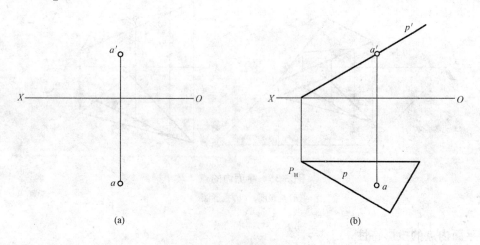

图 3-38 过点作正垂面

【解】 作图[图3-38(b)]：

先过 a' 作一与 OX 倾角为 $30°$ 的任意长线段 p'，再在水平投影面上任作三角形 p 与正面投影的线段 p' 对应。

四、直线与平面、平面与平面的相对位置

(一)直线与平面、平面与平面平行

1. 直线与平面平行

直线与平面平行的几何条件是：如果一直线与平面上的任一条直线平行，则该直线与该平面互相平行。

由此得出结论：直线平行于平面，则该直线与平面内任意一直线的同面投影平行。

【例题 3-13】 判断直线 DE 是否与平面 $\triangle ABC$ 平行[图 3-39(a)]。

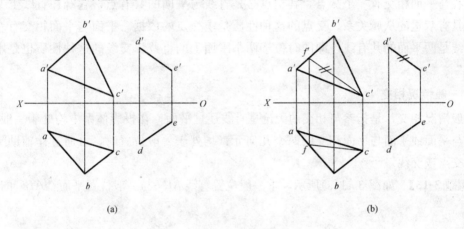

图 3-39 判别直线和平面是否平行
(a)已知；(b)投影图

【解】 作图[图 3-39(b)]：

在正投影面上，过 c' 作 $\triangle ABC$ 上的直线 $c'f'$，使 $c'f' // e'd'$，可见其水平投影 cf 不平行于 ed，即 CF 不平行于 ED，因此 $\triangle ABC$ 与 DE 不平行。

2. 平面与平面平行

平面与平面平行的几何条件是：如一个平面上的两相交直线，对应平行于另一个平面上的两相交直线，则此两平面互相平行。

当两平面用迹线表示时，如果两平面的同面迹线均互相平行，则两平面一定互相平行。

【例题 3-14】 判别 $\triangle ABC$ 与 $\triangle DEF$ 是否互相平行[图 3-40(a)]。

【解】 作图[图 3-40(b)]：

(1)在 $\triangle a'b'c'$ 中过 a' 作 $a'g' // d'f'$，并求出 ag，因为 $ag // df$，所以 $AG // DF$。

(2)在 $\triangle a'b'c'$ 中过 c' 作 $c'h' // e'd'$，并求出 ch，因为 $ch // ed$，所以 $CH // ED$。

由此可断定，$\triangle ABC // \triangle DEF$。

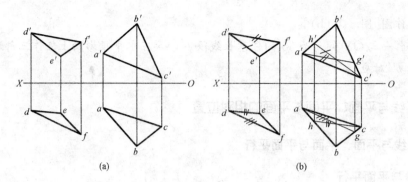

图 3-40 判别两平面是否平行
(a)已知；(b)作图

(二)直线与平面、平面与平面相交

直线与平面相交有一个交点，其交点必是直线与平面的共有点，它既在直线上又在平面上，具有双重的从属关系。交点的这种性质是求交点的依据。平面与平面相交有一条交线，交线是两平面的共有线，即同时位于两个平面上的直线。交线的这种性质也是求交线的依据。

1. 一般情况相交

一般情况相交，是指参与相交的无论是直线还是平面，在投影体系中均处于一般位置。当直线与平面或平面与平面相交的两个几何元素均处于一般位置时，可通过作辅助平面的方法求交点或交线。

【例题 3-15】 如图 3-41(a)所示，求一般位置直线 MN 与一般位置平面 $\triangle ABC$ 的交点。

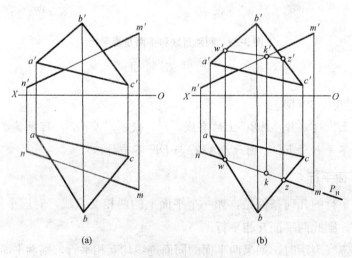

图 3-41 求作直线与平面的交点
(a)已知；(b)作图

【解】 作图方法[图 3-41(b)]：

(1)过 MN 作铅垂面 $P \perp H$ 面。过 mn 作 P_H，即作铅垂面 P 的水平投影 P_H。

(2)作出平面 P 与 $\triangle ABC$ 的交线 WZ。WZ 既在 P 上又在 $\triangle ABC$ 上,由 P 平面的积聚性投影 P_H 直接确定 wz,再由 wz 求出 $w'z'$。

(3)作出 WZ 与 MN 的交点 K。正面投影 $w'z'$ 与 $m'n'$ 交点 k' 即为交点 K 的正面投影。由 k' 可求出水平投影 k。

2. 特殊情况相交

特殊情况相交,是指参与相交的直线和平面中,至少有一元素对投影面处于特殊位置,它在该投影面上的投影具有积聚性。因此交点的一个投影可以直接确定,而其他投影可按照在直线或平面上取点的方法求出。

【**例题 3-16**】 求直线 AB 与正垂面 $\triangle CDE$ 的交点 M 并判别可见性[图 3-42(a)]。

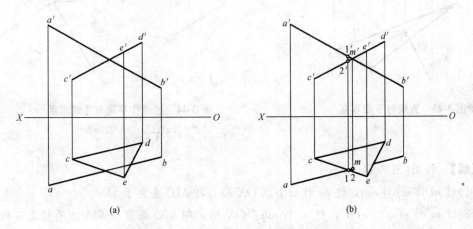

图 3-42 求直线与正垂面的交点并判别可见性

(a)已知;(b)作图

【**解**】 作图[图 3-42(b)]:

(1)$a'b'$ 与 $\triangle c'd'e'$ 的交点 m' 即为交点 M 的正面投影,从 m' 作 OX 轴的垂线与 ab 交于 m,即为交点 M 的水平投影。

(2)判别可见性,直线 AB 上的 1 点与 $\triangle CDE$ 上 CE 边的 2 点在水平投影面上重合。从正面投影上可看出 $Z_1 > Z_2$,即 1 点在 2 点之上,所以在水平投影 1 点可见,2 点不可见。$1m$ 为实线,而过 m 后至 ed 线为不可见线。由于 $\triangle CDE$ 在正面投影积聚,$\triangle CDE$ 与 AB 无互相遮挡关系,故在正投影面不需要判别可见性。

(三)直线与平面、平面与平面垂直

1. 直线与平面垂直

直线与平面垂直的几何条件是,如果一条直线垂直于平面上任意两条相交直线。那么,这条直线垂直于该平面。

如果直线与平面垂直,则直线与平面上的任意一条直线都垂直(相交垂直或交错垂直)。与平面垂直的直线称该平面的垂直线;反过来与直线垂直的平面称该直线的垂直面。

如图 3-43 所示,直线 HG 垂直于 $\triangle ABC$,其垂足为 G,如过 G 点作一水平线 AD,则 $HG \perp AD$,根据直角投影定理,则有 $gh \perp ad$。再过 G 点作一正平线 EF,则 $HG \perp EF$,同

理 $h'g' \perp e'f'$。

直线垂直于平面，则直线的正面投影必垂直于该平面上正平线的正面投影，直线的水平投影必垂直于该平面上水平线的水平投影。

【例题 3-17】 过 M 点作平面垂直于直线 MN [图 3-44(a)]。

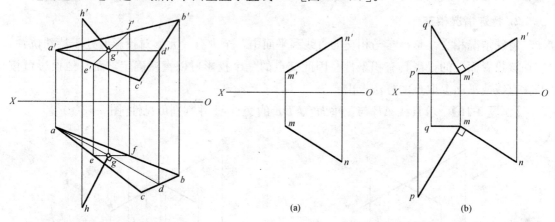

图 3-43 直线与平面垂直

图 3-44 过点作平面与直线垂直
(a)已知；(b)投影图

【解】 作图[图 3-44(b)]：

(1)过 m 作 $mp \perp mn$，过 m' 作 $m'p' // OX$ 轴，即 MP 垂直于 MN。

(2)过 m' 作 $m'q' \perp m'n'$，过 m 作 $mq // OX$ 轴，即 MQ 垂直于 MN。两相交直线 MP、MQ 所确定的平面即为所求平面。

2. 平面与平面垂直

平面与平面垂直的几何条件是：若直线垂直于平面，则包含此直线的所有平面都与该平面垂直。即如果两平面互相垂直，则从第一个平面上的任意一点向第二个平面所作垂线，该垂线必定在第一个平面内。如图 3-45 所示，平面 Q 与平面 P 相互垂直。在平面 Q 内的任意点 A 作 AB 垂直于平面 P，则 AB 在 Q 平面上。

要在投影图上判断两平面 P、Q 是否垂直，首先在 P 平面上作任一直线 AB，再在 Q 平面上作一条水平线 CD 与一条正平线 EF，然后看 ab 是否垂直 cd、$a'b'$ 是否垂直 $e'f'$，如果都垂直则两平面垂直，否则两平面就不垂直。这是两平面垂直的投影特点。

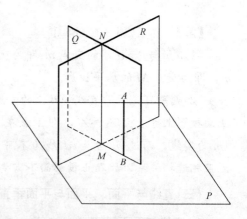

图 3-45 平面与平面垂直

【例题 3-18】 判断 $\triangle ABC$ 与正垂面 P 是否垂直[图 3-46(a)]。

【解】 作图[图 3-46(b)]：

(1)在 $\triangle ABC$ 内作一正平线 CD。

(2)由正面投影可知，$c'd' \perp p'$，故可判定 $\triangle ABC \perp P$。

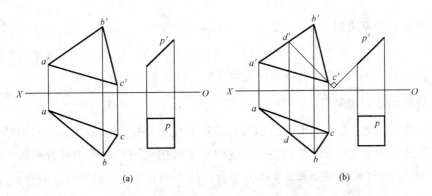

图 3-46 判断一般面与正垂面是否垂直

(a)已知；(b)投影图

五、曲面投影

曲面是由直线或曲线在一定约束条件下运动形成的。这条运动的直线或曲线，称为曲面的母线。曲面上任一位置的母线称为素线。如图 3-47 所示，母线 Aa 沿着曲线 AD 运动，并始终平行于直线 L，运动形成曲面。

根据形成曲面的母线和其约束条件，曲面分为：

回转曲面——由直母线或曲母线绕一固定轴旋转而形成的曲面；

非回转曲面——由直母线或曲母线依据固定的导线、导面移动而形成的曲面。

(一)圆柱面的投影

一直线绕与其平行的轴线旋转而形成的曲面，称为圆柱面，如图 3-48 所示。

圆柱面的轴线垂直于水平投影面时，其投影如图 3-49 所示。

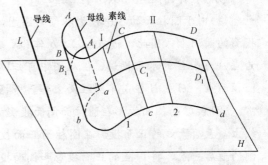

图 3-47 曲面的形成

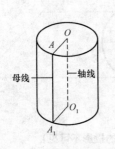

图 3-48 圆柱面的形成

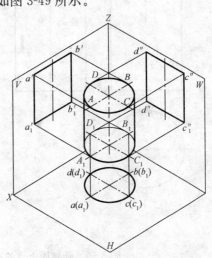

图 3-49 圆柱面的投影

1. 圆柱面的水平投影

当圆柱面的轴线垂直于水平投影面时,圆柱面上所有素线都垂直于水平投影面,在水平投影面上的投影积聚成点,这些点构成的圆周为圆柱面的水平投影。

2. 圆柱面的正面投影

当圆柱面的轴线垂直于水平投影面时,其正面投影为矩形,最左、最右的两条轮廓线是圆柱面上最左、最右两条素线的投影。这两条素线也是圆柱面前半部分和后半部分的分界线,投影时,圆柱前半部分和后半部分重合,前半部分可见,后半部分不可见。

3. 圆柱面的侧面投影

当圆柱面的轴线垂直于水平投影面时,其侧面投影也为矩形,最前、最后两条轮廓线是圆柱面上最前、最后两条素线的投影,圆柱面侧面投影时,左半部分和右半部分重合,左半部分可见,右半部分不可见。

【**例题 3-19**】 已知圆柱面上点 A、B 的正面投影和点 C 的侧面投影,求其另两面投影并判别可见性[图 3-50(a)]。

【**解**】 作图[图 3-50(b)]:

(1)由于圆柱面的水平投影积聚为圆周,所以,点 A、点 B 的水平投影必在圆柱面水平投影的圆周上,因此,过点 (a')、b' 作 OX 轴的垂线,与圆周相交于点 a、b,交点 a、b 即为点 A、点 B 的水平投影,但从图中可知,由于点 A 的正面投影不可见,所以点 A 在后半圆柱面上,而点 B 在前半圆柱面上。再根据投影规律作出侧面投影。

(2)点 C 的侧面投影在圆柱面侧面投影的最后轮廓线上,所以,点 C 在圆柱面的最后素线上,最后素线的正面投影在圆柱面正面投影的轴线投影上,水平投影在圆柱面水平投影圆的最后一点,将 C 点的正面投影和侧面投影分别作出。

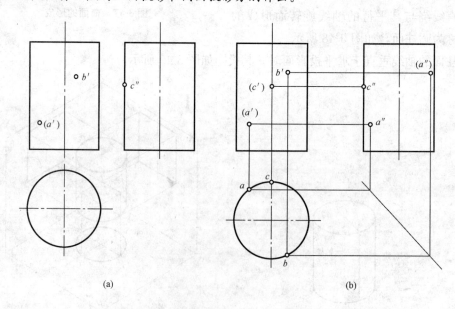

图 3-50 圆柱面上点的投影(加括号的点的投影不可见)

(二)圆锥面的投影

直母线绕与其相交的轴线旋转而形成的曲面，称为圆锥面，如图 3-51 所示。圆锥面上所有的素线交于一点，该点称为圆锥面的顶点。

当圆锥面的轴线垂直于水平投影面时，其投影如图 3-52 所示。圆锥面的水平投影为一圆。正面投影是一等腰三角形，三角形的两个腰是圆锥面最左、最右素线的投影，最左、最右素线也是圆锥面前、后两部分的分界线。

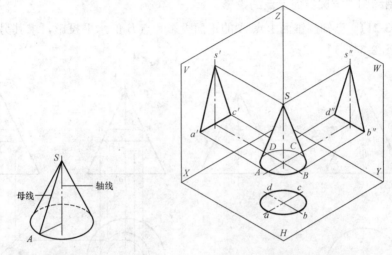

图 3-51 圆锥面的形成　　　　图 3-52 圆锥面的投影

圆锥面的投影与圆柱面的投影不同，圆柱面的投影有积聚性，而圆锥面的投影没有积聚性，因此，作图时，有时需要作辅助线。辅助线可以是素线，也可以是纬圆。用辅助素线解题的方法，称为素线法；用辅助纬圆解题的方法，称为纬圆法。

1. 利用素线法求圆锥面上点的投影

【例题 3-20】 已知圆锥面上有点 A、B 的一个投影，求其另两个面的投影并判别可见性[图 3-53(a)]。

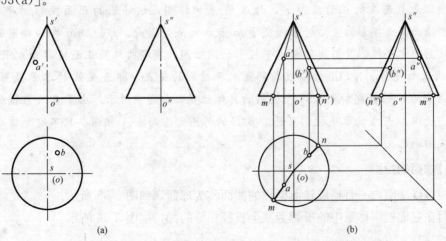

图 3-53 用素线法作圆锥表面上点的投影

【解】 作图[图3-53(b)]：

过点A的正面投影作辅助素线SM的正面投影s'm'，并根据SM的正面投影，作出水平投影，再将点A的水平投影a作出，根据投影规律作点A的侧面投影。

过点B的水平投影，先作出辅助素线SN的水平投影sn，再作出SN的正面投影s'n'，并将B点的正面投影作在SN的正面投影上s'n'，则B点的两面投影即作出。由于点B在圆锥面的右后方，所以B点的正面投影和侧面投影都不可见。

2. 利用纬圆法求圆锥面上点的投影

【例题3-21】 已知圆锥面上点A的正面投影和点B的水平投影，求其另两面投影并判别可见性[图3-54(a)]。

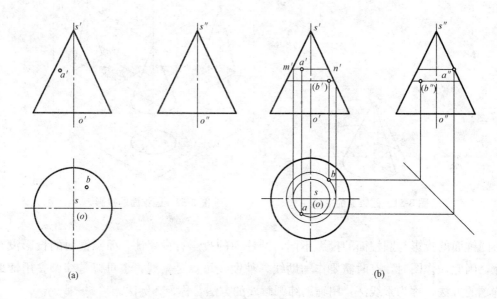

图3-54 用纬圆法作圆锥表面上点的投影

【解】 作图[图3-54(b)]：

过圆锥面上点A的正面投影a'，作过A点的纬圆，该纬圆的正面投影a'平行于OX轴，与圆锥面正面投影的左右轮廓线交于m'点和n'点，因此，线段m'n'即为纬圆的正面投影。该纬圆的水平投影是与圆锥面水平投影的同心圆，直径与纬圆正面投影m'n'长度相同。过A点的正面投影a'作OX轴垂线与纬圆水平投影的交点，即为点A的水平投影。最后，根据点A所在的位置判断点A水平投影的具体位置。如图中所示，由于点A在圆锥面的前半部分，所以，点A的水平投影可见。点B的作图方法与点A相同。只不过先作点B纬圆的水平投影而已。

(三)球面的投影

由曲母线绕圆内一直径旋转而形成的曲面称为球面，如图3-55所示。

球面在三面投影体系中的投影为三个直径相等的圆，如图3-56所示。

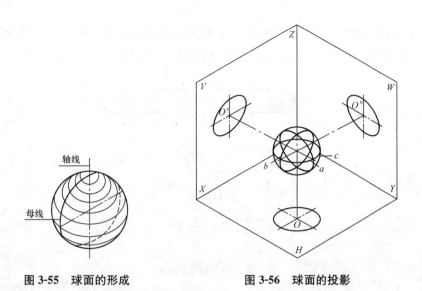

图 3-55 球面的形成　　　　图 3-56 球面的投影

由于球面的素线是曲线，因此球面上的点可采用辅助纬圆法确定。

【例题 3-22】 已知球面上点 A、B 的一个投影，求其另两个投影并判别可见性[图 3-57(a)]。

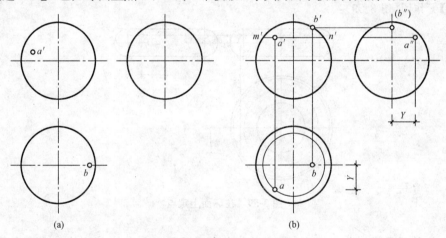

图 3-57 球面上点的投影

【解】 作图[图 3-57(b)]：

先求点 A 的投影，过点 A 的正面投影 a' 作过点 A 的纬圆的正面投影，它是平行于 OX 轴的并与球面正面投影交于 M、N 两点的一段线段。该纬圆的水平投影是与球面水平投影的中心为圆心的同心圆，直径为线段 mn 的长度。过点 A 的正面投影作 OX 轴的垂线，与同心圆的交点即为点 A 的水平投影。利用点的投影规律作出点 A 的侧面投影。由正面投影可知，点 A 位于球面的左前上方，其水平投影和侧面投影都可见。

由水平投影可知，点 B 的水平投影位于球面水平投影的中心线上，所以点 B 在平行于正立投影面的球面赤道圆上，侧面投影在该圆侧面投影的中心线上，直接引过去即可。

(四) 环面的投影

以圆为母线，绕与它共面的圆外直线旋转而形成的曲面，称为环面。

当环面的导线垂直于水平投影面时,环面的水平投影是两个同心圆,环面的正面投影和侧面投影都是由两个圆和与它们上下相切的两段水平轮廓线组成,如图 3-58 所示。

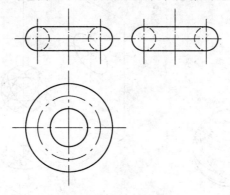

图 3-58 环面的投影

当轴线垂直于投影面时,在环面上定点可采用纬圆法。

【例题 3-23】 已知环面上点 A 的正面投影,求该点的水平投影和侧面投影。

【解】 作图(图 3-59):

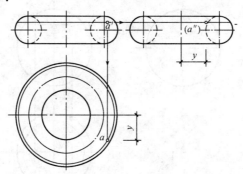

图 3-59 在环面上定点

过点 A 的正面投影作平行于 OX 轴的线与环面正面投影最左最右轮廓的交点所构成的线段为纬圆的正面投影,纬圆的水平投影是以环面水平投影的中心为圆心的同心圆,过点 A 的正面投影向下作 OX 轴的垂线,与纬圆水平投影的交点即为点 A 的水平投影。利用点的投影规律作侧面投影。

本章小结

点、线、平面是构成形体的基本几何元素,要正确地绘制和识读建筑装饰形体的投影图,必须先掌握组成建筑装饰形体的基本元素的投影特性和表示方法,即点、线、面的投影特性。点的投影规律可总结为:由已知点的两个投影(含上下、左右、前后三种关系)便可求出第三个投影(只需上下、左右、前后三种关系中的两种)。求直线的投影,只要作出直线上两个点的投影,再将同一投影面上两点的投影连起来,即是直线的投影。确定平面的几何元素主要包括：不在同一直线上的三点、一直线和线外一点、两相交直线、两平行直线、平面图形(如三角形等)，根据平面对投影面的相对位置不同，可分为一般位置平面、投影面平行面、投影面垂直面三种情况。

复习思考题

一、填空题

1. 作点的投影时，两个投影面上的点的连线与投影轴_____。
2. 空间点的位置除了用投影表示以外，还可以用_____来表示。
3. 投影面垂直线在垂直的投影面上的投影_____。
4. 平行于正立投影面而倾斜于水平投影面和侧立投影面的直线是_____。
5. 空间平面与投影面的相对位置分为_____、_____及_____三种。

二、选择题

1. 如果一条直线的三面投影都倾斜于投影轴，则这条空间直线为(   )。
   A. 正垂线　　　　　B. 正平线　　　　　C. 侧垂线　　　　　D. 一般位置直线
2. 倾斜于投影面的平面，在该投影面上的投影(   )。
   A. 为一个点　　　　　　　　　　　B. 为一条直线
   C. 反映实形　　　　　　　　　　　D. 为平面，但不反映实形
3. 在所垂直的投影面上的投影积聚成线，反映与其他两投影面的倾角；在其他两投影面上的投影为类似形且小于实形，则该平面是(   )。
   A. 一般位置直线　　　　　　　　　B. 投影面平行线
   C. 投影面垂直线　　　　　　　　　D. 投影面正垂线
4. 下列关于铅垂面的说法，正确的是(   )。
   A. 垂直于 H 面的平面　　　　　　B. 垂直于 H 面与 V、W 面倾斜的平面
   C. 铅垂面平行于 V 面　　　　　　D. 铅垂面垂直于 V 面
5. 球面上有一点，其水平投影与球心重合且不可见，则该点的正面投影在(   )。
   A. 圆形的最上面　　　　　　　　　B. 圆形的最下面
   C. 圆形的最左边　　　　　　　　　D. 圆形的最右边

三、简答题

1. 试述点的三面投影规律。
2. 什么叫重影点？可见性的含义是什么？如何判定重影点投影的可见性？
3. 怎样在投影图上表示平面？
4. 简述曲线投影的特性。
5. 已知点 m 的坐标为(3，2，4)，求点 M 的三面投影 m、m' 和 m''。

第四章　立体投影

学习目标

通过本章的学习，掌握立体截断及立体相贯后截交线、相贯线的形状及求法；熟悉组合体构成方式；掌握平面立体、曲面立体、截断体及组合体的投影特性与求法。

能力目标

通过本章的学习，能够进行组合体投影图识读；能够结合相关理论知识熟练进行相关题目的求解。

第一节　立体的截断与相贯

一、立体的截断

立体被平面切割即称为立体的截断。如图 4-1 中三棱锥被平面 P 切割。平面 P 称为截平面，截平面与三棱锥体表面的交线 AB、BC、CA 称为截交线，截交线所围成的平面图形 $\triangle ABC$ 称为截断面。

立体的截断面是一个平面图形，截断面的轮廓线就是立体表面与截平面的交线。截交线是立体表面与截平面的共有线。

（一）平面立体截交线

平面立体的截交线是一条封闭的平面折线线框，线框的边是截平面与立体表面的交线，线框的转折点是截平面与立体侧棱或底边的交点。

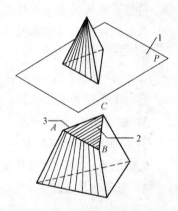

图 4-1　立体的截断
1—截平面；2—截断面；3—截交线

求平面立体截交线的步骤如下：

第一步，求转折点，即求截平面与立体侧棱或立体底边的交点。

第二步，连线，将位于立体同一侧面上的两交点用直线连接起来即可。

【例题 4-1】已知三棱柱被正垂面 P 切割，求三棱柱的截交线。

【解】作图（图 4-2）：

（1）求转折点。截平面 P 与三棱柱的三个侧棱的交点分别为 D、E、F，可由求直线上点的方法求得。

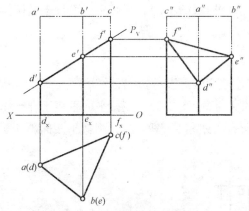

图 4-2 正垂面切割三棱柱

(2)连线。将 D、E、F 三点连起来，DE、EF、FD 即为平面 P 切割立体三棱柱的截交线。

(3)完善投影。将截断体画成粗线，被切去的部分画成双点长画线。

(二)曲面立体截交线

曲面立体的截交线是封闭的平面曲线，或曲线与直线组成的平面图形。

曲面体截交线上的每一点都是截平面与曲面体表面的一个公共点，求出足够的公共点，然后依次连接起来，即得曲面体上的截交线。

求曲面体的截交线的过程可分为以下几步：

第一步，求控制点。控制点是指曲面体上特殊素线与截平面的交点，如圆柱、圆锥面上最前、最后素线及球面上的三个特殊圆等，控制点对截交线的范围、走向等起控制作用。

第二步，补中间点。要画出完整的截交线还需补充一些必要的中间点，这样才能较准确地连成光滑曲线。

第三步，连线。

1. 圆柱体的截交线

圆柱体被截平面切割，截交线有三种情况：

(1)截平面倾斜于圆柱体轴线(图 4-3)。当截平面倾斜于圆柱体轴线时，截交线是椭圆，椭圆短轴的长度等于圆柱体的直径，椭圆的长轴随着截平面对轴线的倾角不同而变化。

(2)截平面垂直于圆柱体轴线(图 4-4)。当截平面垂直于圆柱体轴线时，截交线是与圆柱体直径相等的圆。

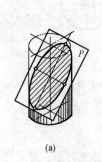 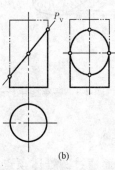 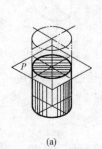 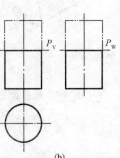

(a) (b) (a) (b)

图 4-3 截平面倾斜于圆柱体轴线   图 4-4 截平面垂直于圆柱体轴线

(a)立体图；(b)投影图   (a)立体图；(b)投影图

(3)截平面平行于圆柱体轴线(图 4-5)。当截平面平行于圆柱体轴线时,截交线为矩形,矩形的两个边为圆柱体的素线。

2. 圆锥体的截交线

圆锥体被截平面切割,截交线有五种情况:

(1)截平面垂直于圆锥体轴线(图 4-6)。当截平面垂直于圆锥体轴线时,截交线是圆形。

(2)截平面与锥面上所有素线相交(图 4-7)。当截平面倾斜于圆锥体轴线时,且 $\alpha < \varphi <$ 90°,截交线是椭圆。

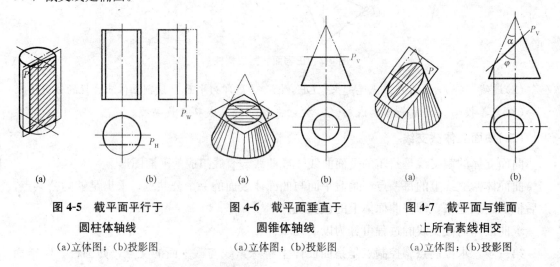

图 4-5 截平面平行于圆柱体轴线
(a)立体图;(b)投影图

图 4-6 截平面垂直于圆锥体轴线
(a)立体图;(b)投影图

图 4-7 截平面与锥面上所有素线相交
(a)立体图;(b)投影图

(3)截平面平行于锥面上一条素线(图 4-8)。当截平面平行于圆锥面上一条素线,且 $\varphi = \alpha$,截交线是抛物线。

(4)截平面平行于圆锥面上两条素线(图 4-9)。当截平面平行于圆锥体上两条素线,且 $0° \leqslant \varphi < \alpha$,截交线是双曲线。

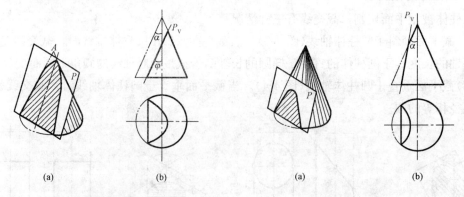

图 4-8 截平面平行于锥面上一条素线
(a)立体图;(b)投影图

图 4-9 截平面平行于圆锥面上两条素线
(a)立体图;(b)投影图

(5)截平面通过圆锥锥顶(图 4-10)。当截平面通过圆锥体顶点时,截交线是等腰三角形。三角形的两边是圆锥面的素线。

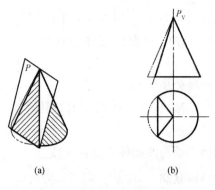

图 4-10 截平面通过圆锥锥顶
(a)立体图；(b)投影图

二、立体的相贯

两相交立体称为相贯体，相贯体表面的交线称为相贯线。当一个立体全部贯穿于另一个立体时，称为全贯，全贯的立体产生两组相贯线，如图 4-11 所示；当两个立体相互贯穿时，称为互贯，互贯的主体产生一组相贯线，如图 4-12 所示。

相贯线是两立体表面的交线，是两立体的共有线，因此，求相贯线，实质上是求两立体表面上面与面的交线。

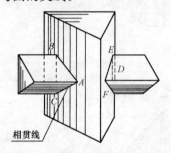   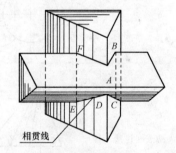

图 4-11 两平面立体相贯——全贯　　**图 4-12 两平面立体相贯——互贯**

(一)两平面立体相贯

两平面立体相贯，相贯线是封闭的平面或空间折线线框。折线线框的线段是两立体表面的交线，转折点是一立体侧棱与另一立体表面的交点，有时是两立体侧棱的交点。

求两平面立体相贯线的步骤如下：

第一步：求转折点，可将相贯的两立体分别编号，如 A 立体和 B 立体，先求 A 立体侧棱与 B 立体表面的交点，再求 B 立体侧棱与 A 立体表面的交点。

第二步：依次连接各交点，因相贯线是两个立体表面的交线，所以只有位于一立体的同一侧面上，同时又位于另一立体的同一侧面上的两点才可以连线。

第三步：判别相贯线的可见性，完善立体的投影。

(二)平面立体与曲面立体相贯

平面体与曲面体相贯，相贯线是平面体表面和曲面体表面的共有线，因此，相贯线应是由平面曲线组合而成的封闭曲线线框,如图 4-13 的柱头,封闭曲线的转折点是平面体侧棱和曲面体表面的交点。

作平面体与曲线体的相贯线的步骤如下:

第一步:作出转折点。平面体与立面体相贯时,转折点即为侧棱和曲面体表面的交点。

第二步:连线。作平面体表面与曲面体表面的交线。

(三)两曲面立体相贯的特殊状态

两曲面体相交的相贯线一般是封闭的空间曲线线框,但在特殊情况下,相贯线是直线或平面曲线线框,具体情形见表 4-1。

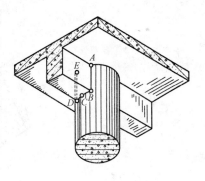

图 4-13 柱头

表 4-1 两曲面立体相贯的特殊状态

相贯线形状	相贯状态	示意图	说明
直线	两圆柱轴线平行		当两圆柱轴线平行时,相贯线是平行直线
直线	两圆锥共有一个顶点		当两圆锥共有一个顶点时,相贯线为过锥顶的两直线
圆	两回转体共轴线		当两回转体共轴线时,其相贯线是垂直于回转体轴线的圆

续表

相贯线形状	相贯状态	示意图	说明
圆与直线	轴线垂直于某投影面	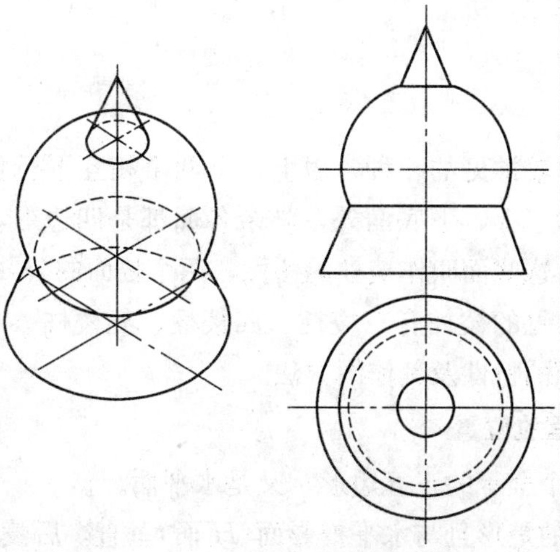	当轴线垂直于某投影面时，相贯线在该投影面上的投影为圆，且反映实形，另外两个投影面上的投影，积聚为垂直于轴线的直线段
椭圆与直线	两圆柱面的轴线相交	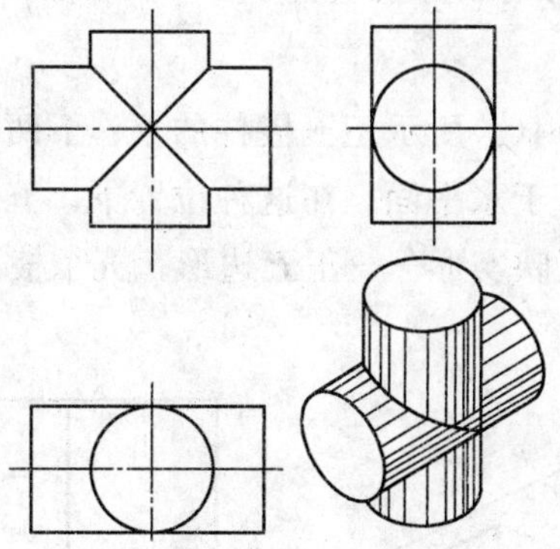	两直径相等的正交圆柱，其轴线相交成直角，此时，它们的相贯线是两个相同的椭圆，在与两轴线平行的正立投影面上，相贯线的投影为相交且等长的直线线段，其水平投影与直立圆柱的投影重合
	圆柱与圆锥面共同外切于一个球面	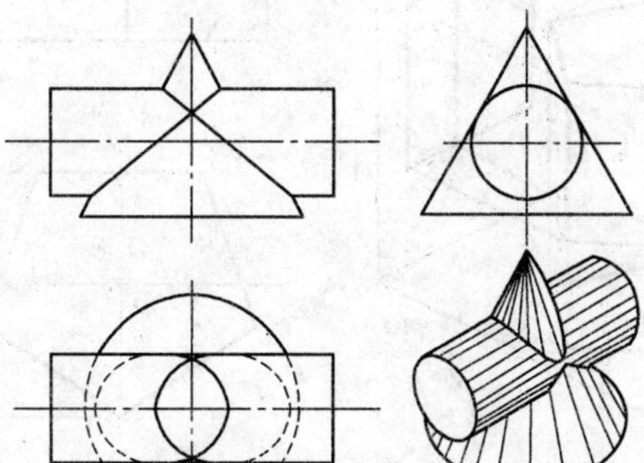	轴线正交的圆锥和圆柱相贯，它们的相贯线是两个大小相等的椭圆，其正面投影同样积聚为直线

第二节 平面立体投影

由若干个平面构成其表面的基本体称为平面立体，如棱柱、棱锥。立体的侧面称为棱面，棱面的交线称为棱线，棱线的交点称为顶点。平面立体的投影实质就是画出组成立体各表面的投影。看得见的棱线画成实线,看不见的棱线画成虚线。

我们在建筑装饰图中所遇见的大部分形体都是平面立体。本节将介绍棱柱、棱锥的投影及其表面取点、线的作图方法。

一、棱柱的投影

棱柱是平面立体中比较常见的一种,由上、下两个相互平行且形状大小相同的底面和若干个棱面围合而成。除了上、下底面外,其余各面都是四边形,并且每相邻两个四边形的公共边也都相互平行。这些面叫作棱柱的棱面,两个棱面的公共边叫作棱柱的棱线。

在建筑装饰形体中常见的棱柱有三棱柱、四棱柱、五棱柱、六棱柱等。本节以五棱柱为例说明棱柱三面投影图的特性及其作图方法。

1. 形体特征分析与摆放位置

(1)上、下底面是两个全等的正五边形,又是水平面。
(2)五个棱面是全等的矩形且与水平投影面(H面)垂直,后棱面为正平面[图4-14(a)]。
(3)五条棱线相互平行且相等,并且垂直于水平投影面(H面),其长度等于棱柱的高。

2. 投影分析

(1)投影特性分析。图4-14(a)所示正五棱柱的上、下两个底面平行于水平面,后棱面平行于正平面,各棱面均垂直于水平面。在这种位置下,五棱柱的投影特性是:上、下两个底面的水平投影重合,并反映实形——正五边形。五个棱面的水平投影分别积聚为五边形的五条边。

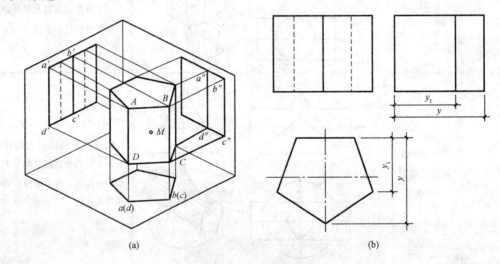

图4-14 正五棱柱的投影
(a)空间示意;(b)投影图

(2)作图[图4-14(b)]。
①先画出对称中心线。
②再画出两个底面的三面投影。其H投影重合,反映正五边形实形,是五棱柱的特征投影。它们的V投影和W投影均积聚为直线。

③画出各棱线的三面投影。H 投影积聚为正五边形的五个顶点,其 V 投影和 W 投影均反映实长。

3. 可见性判别

判别可见性的原则是:

(1)确定投影范围的外形轮廓线都是可见的。

(2)在外形轮廓线以内,若棱线是两个可见棱面或一个可见与不可见棱面的交线时,棱线的投影可见,反之其投影不可见。

(3)在外形轮廓线以内的相交直线,如果是空间交叉两直线的投影,可用重影点的方法来判别其可见性。

4. 棱柱表面取点、取线

由于组成棱柱的各表面都是平面,因此,在平面立体表面上取点、取线的问题,实质上就是在平面上取点、取线的问题。

判别立体表面上点和线可见与否的原则是:如果点、线所在表面的投影可见,那么点、线的同面投影可见,否则不可见。

(1)一般平面上点与直线的投影。一般平面上点与直线的投影的求解可用作辅助线法。

【例题 4-2】 已知五棱柱棱面上点 M 的正面投影 m',求其另外两个投影面的投影 m、m''[图 4-15(a)]。

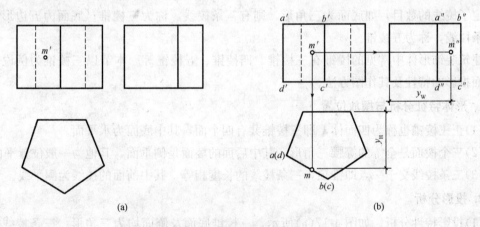

图 4-15 五棱柱表面上取点

【解】 作图[图 4-15(b)]:

(1)过 m' 向下引垂线交积聚投影 $abcd$ 于 m 点。

(2)根据已知点的两面投影求第三投影的方法求得 m''。

(3)判别可见性:因 M 点在左前侧面,则 m'' 可见。

(2)位于积聚性平面上的点的投影。当点所在棱柱表面的投影具有积聚性时,可先在积聚投影上求出点的投影,再求其他面的投影。

【例题 4-3】 已知六棱柱表面上点 A 的正面投影 a' 和点 B 的侧面投影 b'',求作点 A 及点 B 的另两个投影[图 4-16(a)]。

【解】 作图[图 4-16(b)]:

(1)过 a' 作垂线,与六棱柱左前方棱面的水平投影相交于一点 a,则点 a 为点 A 的水平投影。

(2)根据"高平齐、宽相等"的投影原理,由 a' 和 a 作出 a''。

(3)判别可见性,a'' 可见。同理作出 b 和 b',且 b'' 为不可见。

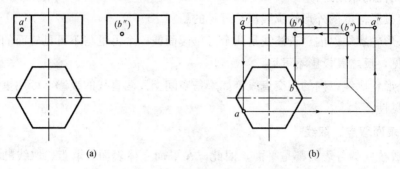

图 4-16 求六棱柱表面上点的投影

二、棱锥的投影

棱锥由一个底面和若干个三角形的侧棱面围成,且所有棱面相交于一点,称为锥顶,常用 S 表示。棱锥相邻两棱面的交线称为棱线,所有的棱线都交于锥顶 S。棱锥底面的形状决定了棱线的数目,如底面为三角形,则有三条棱线,称为三棱锥;底面为五边形,则有五条棱线,称为五棱锥。

建筑装饰形体中常见的棱锥有三棱锥、四棱锥、五棱锥等。本节以三棱锥为例说明棱锥三面投影的特性及其作图方法。

1. 形体特征分析与摆放位置

(1)正三棱锥也称为四面体,即三棱锥共有四个面,其中底面为水平面。

(2)三个棱面是全等的等腰三角形,其中后面的棱面是侧垂面,其他为一般位置平面。

(3)三条棱线交于一点即锥顶,三条棱线的长度相等,其中前面的棱线为侧平线。

2. 投影分析

(1)投影特性分析。如图 4-17(a)所示,三棱锥底面及侧面均为三角形。三条棱线交于一个顶点,三棱锥的底面为水平面,侧面 $\triangle SAC$ 为侧垂面。

(2)作图[图 4-17(b)]:

①画出底面 $\triangle ABC$ 的三面投影。H 面投影反映实形,V、W 面投影均积聚为直线段。

②画出顶点 S 的三面投影。将顶点 S 和底面 $\triangle ABC$ 的三个顶点 A、B、C 的同面投影两两连线,即得三条棱线的投影,三条棱线围成三个侧面,完成三棱锥的投影。

3. 可见性判别

棱锥投影可见性判别的原则与棱柱投影可见性的判别原则相同,可参照棱柱投影相关内容。

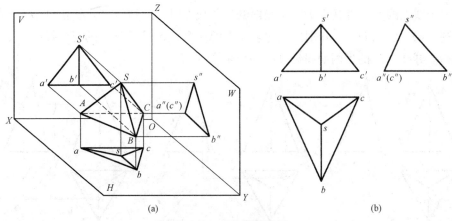

图 4-17 三棱锥的投影

(a)空间示意；(b)投影图

4. 棱锥表面取点、取线

(1)一般平面上点与直线的投影。一般平面上点与直线的投影可采用过锥顶作辅助线法进行求解，过锥顶和已知点在相应的棱面上作辅助直线，根据点在直线上，点的投影也必在直线的投影上的原理，可求得点的其余投影。

【**例题 4-4**】 已知三棱锥棱面 SAB 上点 M 的正面投影 m' 和棱面 SAC 上点 N 的水平投影 n，求作另外两个投影[图 4-18(a)]。

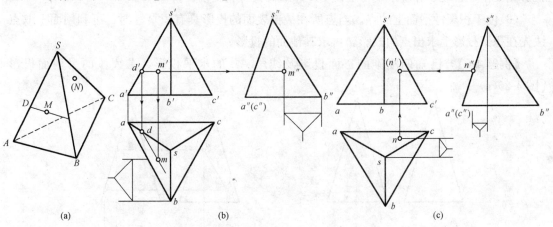

图 4-18 三棱锥表面上取点

【**解**】 作图[图 4-18(b)、(c)]：

(1)过 m' 作 $m'd' // a'b'$ 交 $s'a'$ 于 d'，由 d' 作垂线得出 d，过 d 作 ab 的平行线，再由 m' 求得 m。

(2)由 m' "高平齐、宽相等"求得 m''，如图 4-18(b)所示。

(3) N 点在三棱锥的后面侧垂面上，其侧面投影 n'' 在 $s''a''$ 上，因此不需要作辅助线，利用"高平齐"可直接作出 n'。

(4)再由 n'、n''，根据"宽相等"直接作出 n，如图 4-18(c)所示。

(5)判别可见性：m、m''、n'' 可见。

(2)位于线上的点。当点位于立体表面的某条线上时,可利用线上取点的方法求得。

【例题 4-5】 已知 D、E 分别是立体表面上的两个点。根据 D 点的正面投影 d'、E 点的水平投影 e,求 D、E 的另两面投影[图 4-19(a)]。

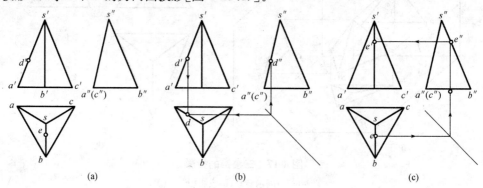

图 4-19 求三棱锥棱线上点的投影

【解】 作图[图 4-19(b)、(c)]:

(1)如图 4-19(b)所示,过 d' 作垂线与 SA 的水平投影 sa 相交于 d 点,由 d'、d 点求得 d''。

(2)如图 4-19(c)所示,过 e 作水平线与 45°斜线相交,过交点作垂线与直线 SB 的侧面投影相交于 e'',过 e'' 作水平线与直线 SB 的正面投影相交于 e'。

(3)位于积聚性平面上的点,当点所在棱锥表面的投影具有积聚性时,可利用面上取点法先在积聚投影上求出点的投影,再求其他面的投影。

【例题 4-6】 已知四棱锥的三面投影及线段 AB 的水平投影,求线段的另两面投影[图 4-20(a)]。

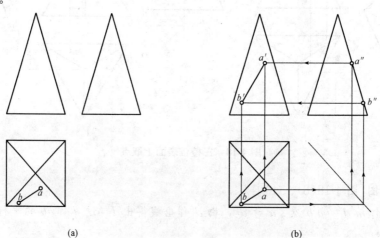

图 4-20 求四棱锥表面上直线的投影

【解】 作图[图 4-20(b)]:

过 a 做投影线,与 45°斜线相交,过交点向上引投影线与棱面积聚线交于 a'',根据"高平齐,长对正"原理求得 a'。同理可求 B 点的另两面投影,连线即得。

第三节　曲面立体投影

曲面立体是由曲面或曲面与平面围成的。建筑装饰工程中的圆柱、圆锥形顶面、壳体屋盖、隧道的拱顶及常见的设备管道等都是曲面体。基本的曲面体有圆柱、圆锥、圆台和球体等。

一、圆柱体的投影

圆柱体由圆柱面和上下两底面围成。

1. 圆柱体特征分析与摆放位置

(1)圆柱体是由圆柱面和两个圆形底面围成的，两底面互相平行且是水平面。

(2)圆柱体的素线垂直于水平投影面（H 面），且长度相等。

2. 投影分析

(1)投影特性分析（图 4-21）。

H 面投影为一圆形。它既是两底面的重合投影（真形），又是圆柱面的积聚投影。

V 面投影为一矩形。该矩形的上下两边线为上下两底面的积聚投影，而左右两边线则是圆柱面的左、右两条轮廓素线。

W 面投影也为一矩形。该矩形与 V 面投影全等，但含义不同。

(2)作图。

①用细点画线画投影为圆的中心线和圆柱体轴线的投影[图 4-22(a)]。

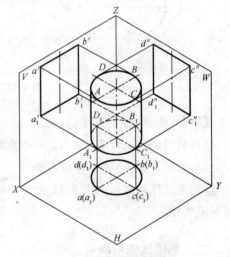

图 4-21　圆柱体投影图

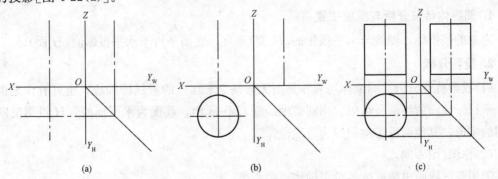

图 4-22　圆柱的投影图作法

②画有积聚性的投影圆[图 4-22(b)]。

③按投影规律画出其他两投影[图 4-22(c)]。

3. 圆柱体表面上点的投影

若点在圆柱的轮廓素线上,可按直线上取点直接作图。如果点不在圆柱的轮廓素线上,则可利用圆柱面的积聚性投影来解决取点问题。

【例题 4-7】 已知圆柱面上点 A 的正面投影 a' 和点 B 的侧面投影 b'',求点 A 和点 B 的另两个投影[图 4-23(a)]。

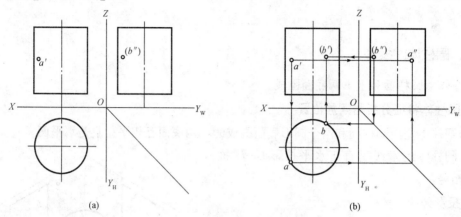

图 4-23 圆柱表面上点的投影

【解】 作图[图 4-23(b)]:

(1)利用积聚性投影,在 H 面的圆周上作出 a 和 b。

(2)由 a'、a 和 b''、b 作出 a'' 和 b'。

(3)可见性判别:由于点 M 在左半圆柱面上,所以 a'' 可见;点 B 在后半圆柱面上,所以 b' 不可见。

二、圆锥体的投影

圆锥体由圆锥面和底圆围成。圆锥面可看成由一条母线绕与它斜交的轴线回旋而成,圆锥面上任意一条与轴线斜交的直母线称为柱锥面的素线。

1. 圆锥体特征分析与摆放位置

直立的圆锥体,轴线与水平投影面(H 面)垂直,底面平行于水平投影面(H 面)。

2. 投影分析

(1)投影特性分析。圆锥体可看作是由无数条交于顶点的素线所围成,也可看作是由无数个平行于底面的纬圆所组成。当圆锥轴线垂直于 H 面,底面为水平面时,H 投影反映底面圆的实形,其他两投影均积聚为直线段。

(2)作图(图 4-24)。

①用点画线画出圆锥体各投影轴线、中心线。

②画出底面圆和锥顶 S 的三面投影。

③画出各转向轮廓线的投影。正视转向轮廓线的 V 投影 $s'a'$、$s'b'$,侧视转向轮廓线的 W 投影为 $s''c''$、$s''d''$。

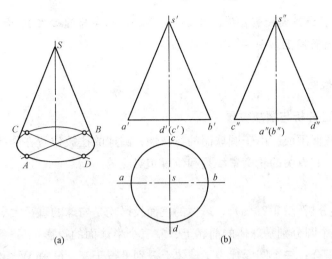

图 4-24 圆锥体的投影

(a)空间示意；(b)投影图

④圆锥面的三个投影都没有积聚性。圆锥面三面投影的特征为一个圆对应两个三角形。

3. 圆锥体表面上点的投影

圆锥体是由圆锥曲面和底面围成的，如果点位于圆锥的底面上，可利用积聚性在表面取点。如果点位于圆锥的曲面上，由于圆锥面的三个投影均不具有积聚性，应采用辅助素线法或辅助纬圆法求解。

【**例题 4-8**】 已知圆锥体表面上一点 M 的正面投影 m'，求另两面投影 m、m'' [图 4-25(a)]。

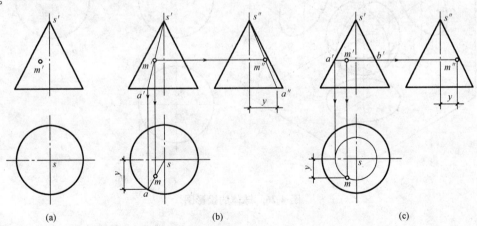

图 4-25 圆锥表面点的投影

【**解**】 作图：

第一种作图方法——辅助素线法[图 4-25(b)]。由 m' 的位置可判断出点 M 在左前圆锥面上；连 $s'm'$ 与底边交于 a'，然后求出该素线的 H 面和 W 面投影 sa 和 $s''a''$，最后由 m' 求出 m 和 m''。

第二种作图方法——辅助纬圆法[图 4-25(c)]。过已知点 M 作纬圆，该圆垂直于回转轴线。过 m' 作纬圆的正面投影 $a'b'$，以 $a'b'$ 为半径，以 s 为圆心在 H 面上画出纬圆的水平投影，m 在此圆的圆周上，由 m' 求出 m、m''。

三、圆球体投影

1. 圆球体特征分析与摆放位置

圆球体由圆球面围成。由于圆球面的特殊性，圆球的摆放位置在作图时几乎无须考虑。但一旦位置确定，其有关的轮廓素线是和位置相对应的。

2. 投影分析

(1)投影特性分析[图 4-26(a)]。球体的三面投影均是与球的直径大小相等的圆。V、H 和 W 面投影的三个圆分别是球体的前、上、左三个半球面的投影，后、下、右三个半球面的投影分别与之重合；三个圆周代表了球体上分别平行于 V、H 和 W 面的三条轮廓纬圆的投影。圆球面上直径最大的平行于 H 和 W 的圆 A 与圆 C，其 V 面投影分别积聚在过球心的水平与铅垂中心线上。

(2)作图[图 4-26(b)]。

①画圆球面三投影圆的中心线。

②以球的直径为直径画三个等大的圆。

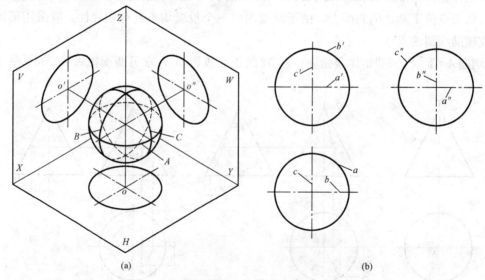

图 4-26 球体的投影图

3. 圆球体表面点的投影

球面的三个投影均无积聚性，因此球面上取点，要用辅助纬圆法。

【**例题 4-9**】 已知 M、N 两点在球面上，并根据点 M 的水平投影 m 和点 N 的正面投影 n'，求其另两面投影[图 4-27(a)]。

【**解**】 作图[图 4-27(b)]：

(1)过 m 作直线 ab∥OX 得水平投影 a、b，m' 必在直径为 ab 的正平圆上。因 m 可见且位于上半球，可求得 m'，再由 m、m' 求出 m''。

(2)由 N 点的正面投影 n'的位置可知,点 N 处于轮廓素线上,可由 n'直接求得 n、n"。

(3)判断可见性:点 M 在右、上、前球面上,这部分的侧面投影为不可见,因此 m"不可见。点 N 在下半球面上,所以其水平投影为不可见,即 n 不可见。

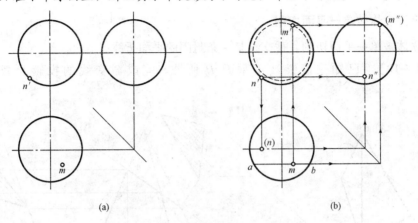

图 4-27 圆球表面点的投影

第四节 截断体投影

平面与立体相交,可视为立体被平面截断,被截断的立体称为截断体,用来截断立体的平面称为截平面,截平面与立体表面的交线称为截交线,截交线所围成的图形称为截面,在建筑装饰工程中常常会遇到各种截断体,如图 4-28 和图 4-29 所示。

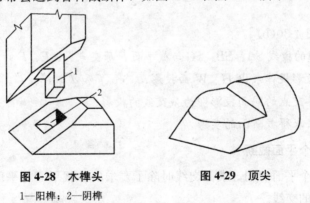

图 4-28 木榫头　　　　　　图 4-29 顶尖
1—阳榫;2—阴榫

根据截平面的位置以及立体形状的不同,所得截交线的形状也不同,但任何截交线都具有以下两个基本性质。

第一,封闭性。立体表面上的截交线总是封闭的平面图形(平面折线、平面曲线或两者组合)。

第二,共有性。截交线既属于截平面,又属于立体的表面。

一、平面截断体的投影

用平面截切平面立体时,截交线是由直线段组成的封闭的平面多边形。平面多边形的每一个顶点是平面立体的棱线与截平面的交点,每一条边是平面立体的表面与截平面的交线。画截交线的实质就是求出平面立体的棱线与截平面的交点,或直接求出平面立体的表面与截平面的交线。

(一)平面立体被单一平面切割

平面立体被单一平面切割,截交线是一条封闭的平面折线。

【例题 4-10】 已知三棱锥被正垂面 P 所截,完成截交线的投影及截断面实形[图 4-30(a)]。

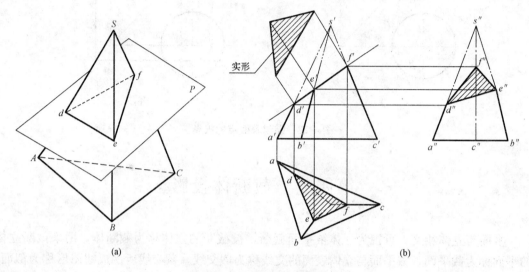

图 4-30 三棱锥被正垂面截切

【解】 作图[图 4-30(b)]:
(1)作出三棱锥的棱线 SA、SB、SC 与截平面 P 原交点 D、E、F 的 V 面投影 d'、e'、f'。
(2)根据点的投影规律求出 H、W 面投影 d、e、f 和 d''、e''、f''。
(3)依次连接各交点的同面投影即为截交线的投影。
(4)可用换面法求得截断面的实形。

(二)圆柱被多个平面截断

平面立体被多个平面切割,求截交线时除了要求出各截平面与平面立体的截交线,还须求出截平面之间的交线。

【例题 4-11】 已知带 V 形切口棱柱的正面投影,补全它的水平投影和侧面投影[图 4-31(a)]。

【解】 作图[图 4-31(b)、(c)、(d)]:
(1)如图 4-31(b)所示,确定正垂截面与前、后、左棱面交线的正面投影 $a'b'$、$f'g'$、$a'g'$,并求它们的水平及侧面投影。
(2)如图 4-31(c)所示,确定正垂截面与 V 形槽两表面交线的侧面投影 $c''d''$、$d''e''$ 及正投影 $c'd'$、$d'e'$,并求出其水平投影 cd、de,以及与顶面交线的水平投影 bc 和 ef。
(3)如图 4-31(d)所示,加深有关图线。

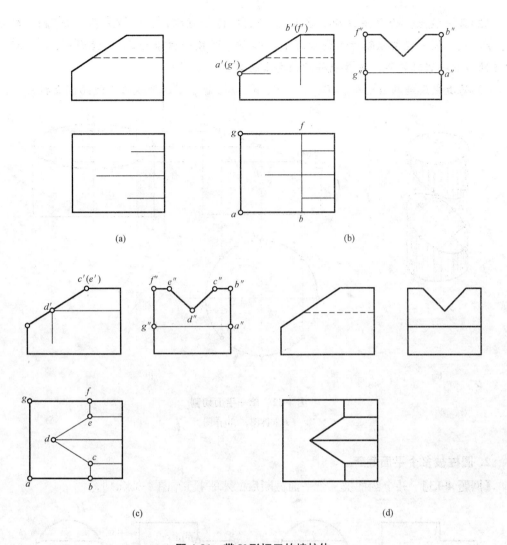

图 4-31 带 V 形切口的棱柱体

二、曲面截断体的投影

平面与曲面立体相交，其截交线可由曲线、曲线与直线或直线段组成。截交线是截平面与曲面立体表面的共有线，求截交线时只需求出若干共有点，然后按顺序光滑连接成封闭的平面图形即可。因此，求曲面立体的截交线实质上就是在曲面立体表面上取点。

(一) 圆柱的截断

1. 圆柱被单一平面截断

【例题 4-12】 求圆柱被正垂面截断所得截交线的投影[图 4-32(a)]。

【解】 作图[图 4-32(b)]：

(1) 求特殊点。要确定椭圆的形状，需要找出椭圆的长轴和短轴。椭圆短轴为 AB，长轴为 CD，其投影分别为 a'、b'、c'、(d')。A、B、C、D 分别为椭圆投影的最低最高、最前、最后点，由 V 投影 a'、b'、c'、d' 可直接求出 H 投影 a'、b'、c'、d' 和 W 投影 a''、b''、c''、d''。

(2) 求一般点。为作图方便，在 V 投影上对称性地取 e'、(f')、g'、(h') 点，H 投影 e'、f'、g'、h' 一定在柱面的积聚投影上，由 H、V 投影再求出其 W 投影 e''、c''、g''、h''。取点的多少一般可根据作图准确程度的要求而定。

(3) 依次光滑连接 a''、h''、d''、f''、b''、e''、c''、g''、a''，即得截交线的侧面投影。

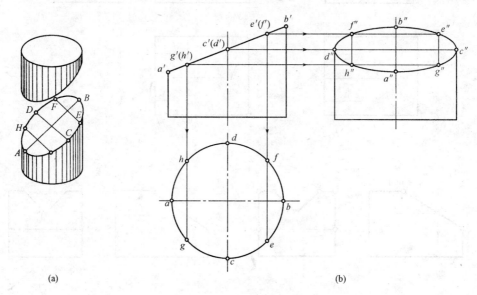

图 4-32 单一平面切割
(a) 立体图；(b) 作图

2. 圆柱被多个平面截断

【例题 4-13】 补全圆柱被三个平面截断后的水平投影 [图 4-33(a)]。

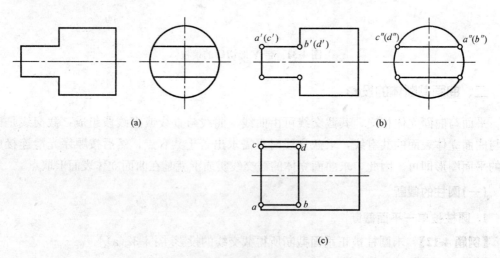

图 4-33 圆柱被三个平面截切

【解】 作图 [图 4-33(b)、(c)]：

(1) 作水平截面与圆柱表面的截交线，首先确定交线的正面投影 $a'b'$、$(c'd')$，侧面投

影 $a''(b'')$、$c''(d'')$，然后根据正面和侧面投影作出水平投影 ab、cd。

(2)水平截面和侧平截面交线的投影分别为 $b'(d')$ 及 bd，侧平截面与圆柱表面相交所得的圆弧，其水平投影重合在 bd 上。

(二)圆锥的截断

1. 圆锥被单一平面截断

【例题 4-14】 圆锥被一个平面截断，求截断面的另两面投影[图 4-34(a)]。

【解】 作图[图 4-34(b)]：

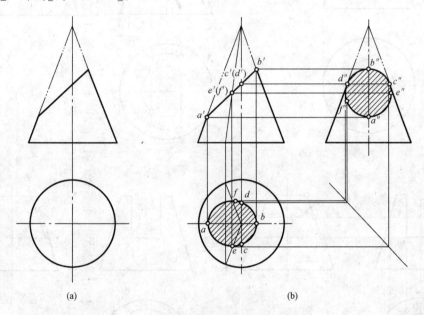

图 4-34 圆锥被正垂面截断

(1)求截交线上特殊点投影：在圆锥正面投影上确定截交线几个特殊位置点，最低(最左)点 a'、最高(最右)点 b'、最前最后轮廓线上的点 $c'(d')$，并通过投影关系找出侧面投影 a''、b''、c''、d''。通过点投影规律可求出特殊点相应的水平投影 a、b、c、d。

(2)在圆锥正面投影上确定最前点 e'、最后点 f'(在 $a'b'$ 的中间)。通过素线法找到相应的水平投影 e、f，通过点投影规律确定侧面投影 e''、f''。

(3)将这些点的水平投影依次光滑连接即为所求投影图。

2. 圆锥被多个平面截切

【例题 4-15】 补全切口圆台的表面交线[图 4-35(a)]。

【解】 作图：

(1)如图 4-35(b)所示，由于 AB 和 CD 为正垂线，所以由 $a'(b')$ 和 $c'(d')$ 分别向下作竖直线，与顶圆的水平投影相交，即得 ab 和 cd；根据 ab、cd 可求出 $a''b''$、$c''d''$。

(2)如图 4-35(b)所示，在水平截面的位置作辅助圆，可求出圆弧 EG、FH 的水平投影 eg、fh 和侧面投影 $e''(g'')$、$f''(h'')$。同时也可求得水平截面与侧平截面的交线，EF 与 GH 的投影。

(3)如图 4-35(c)所示,在最高点和最低点之间再取一中间点,如图中的 M、N 点,分别求出 m''、n'',然后依次光滑地连接各点,即得双曲线的侧面投影。

(4)如图 4-35(d)所示,判明可见性,描深投影图。

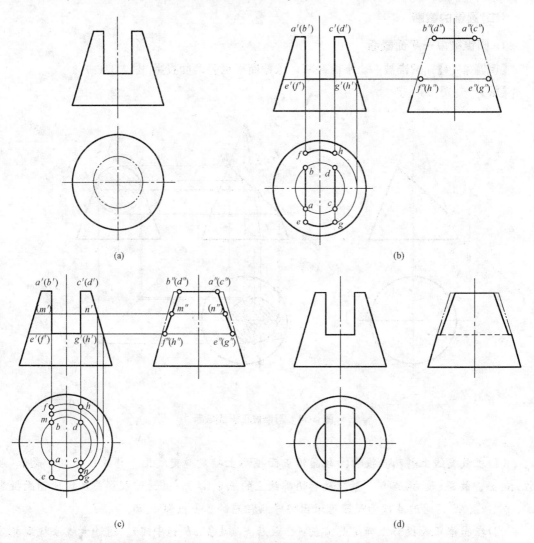

图 4-35 带切口的圆台

(三)球的截断

平面与球相交,其截交线总是一个圆。由于截平面对投影面的位置不同,截交线的投影可能是圆、椭圆或直线。

【**例题 4-16**】 求半球体被水平面和侧平面截切后的水平投影和侧面投影[图 4-36(a)]。

【**解**】 作图[图 4-36(b)]:

(1)以 R_1 为半径,以水平投影的圆心 O 为圆心画圆,即为水平截交线的水平投影;由水平截面的正面投影向右作水平线,与半球的侧面投影轮廓相交,即得该圆的侧面投影 $a''b''$。

(2) 以 R_2 为半径，以 O'' 为圆心画半圆，即为侧平截交线的侧面投影；由侧平截面的正面投影向下作竖直线，与半球的水平投影轮廓相交，即得该圆的水平投影 $1 \sim 2$。cd、$c'd'$、$c''d''$，即为两截平面交线的投影。

(3) 擦去作图线，并描深所要部分：半球面上平行于 W 面的最大半圆，在水平截面以上的部分被截去，其侧面投影不应加深。水平投影 $c \sim 1$、$d \sim 2$ 和侧面投影 $c'' \sim 1''$、$d'' \sim 2''$ 也不应画出。

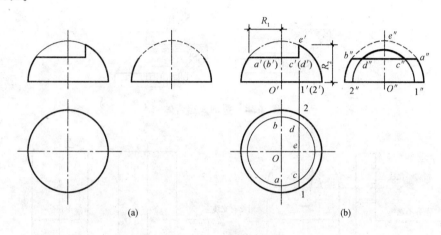

图 4-36 求半球的截交线

第五节　组合体投影

组合体是指由两个以上的基本形体组合而成的立体。图 4-37 所示的由棱柱、棱锥等组成的坡顶房屋即为组合体。

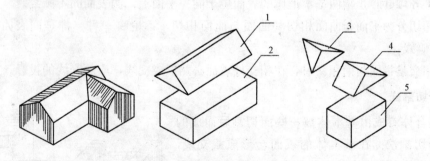

图 4-37 房屋形体分析

1—三棱柱；2—四棱柱；3—三棱锥；4—三棱柱；5—四棱柱

一、组合体构成方式

工程建设中一些比较复杂的形体，一般都可看作是由基本几何体（如棱柱、棱锥、圆柱、圆锥、球等）通过叠加、切割、相交或相切而形成的。

(一)叠加式

把组合体看成由若干基本体叠加而成的方法称为叠加法，如图 4-38 所示的组合体是由两个长方体叠加而成的。各基本体叠加时，其表面结合有平齐(共面)、相切和相交三种组合方式，在画投影图时，应注意这三种结合方式，正确处理两结合表面的投影，如图 4-39 所示。

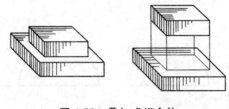

图 4-38 叠加式组合体

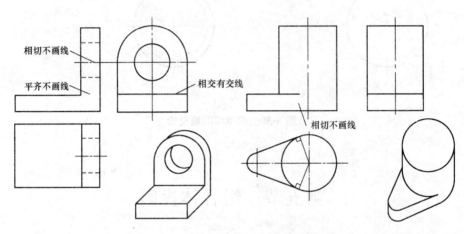

图 4-39 组合体两结合表面的结合处理

(1)平齐(共面)是指两基本形体的表面位于同一平面上，两表面间不画线。

(2)相切分为平面与曲面相切和曲面与曲面相切，不论哪一种，都是两表面的光滑过渡，不应画线。

(3)相交是指面与面相交时，在相交处表面必然形成交线，应画交线的投影。

(二)切割式

把组合体看成由基本体被一些面切割后而成的方法称为切割法。在基本体的表面会形成截交线，用画截交线的方法作出截交线的投影。图 4-40 所示的组合体是由大四棱柱体，经过切割掉一个小四棱柱体而形成的。

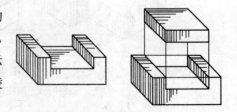

图 4-40 切割式组合体

(三)混合式

把组合体看成部分由若干基本体叠加而成，部分由基本体被一些面切割而成的方法称为混合式，如图 4-41 所示。

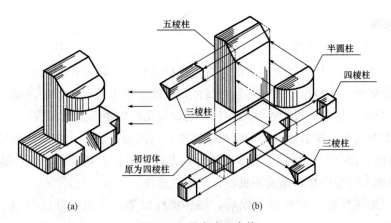

图 4-41 混合式组合体
(a)立体图；(b)组合过程

二、组合体投影图画法

画组合体投影图时，要按一定步骤进行：首先必须对组合体进行形体分析，了解组合体的组合方式，各基本形体之间的相对位置，逐步作出组合体的投影图。

本节以板肋式基础(图 4-42)为例，说明组合体的画法。

1. 形体分析

板肋式基础的形体分析如图 4-43 所示，可用组合法先将形体分解为四部分，四棱柱底板、四棱柱、梯形块和楔形块，再分析其中各物块的组成。

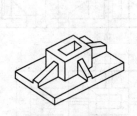 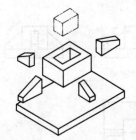

图 4-42 板肋基础　　图 4-43 板肋基础形体分析

2. 确定安放位置

组合体的放置位置，一般应有利于在各投影图中反映出各表面的实形，便于标注尺寸，并使其正面投影能反映出形体的主要形状特征。组合体安放位置的确定应根据尽量减少虚线的原则，将形体平放，使水平投影面平行于底板底面，正投影面平行于形体的正面。

3. 确定投影数量

投影数量的确定原则是用最少数量的投影把形体表达完整、清楚。所谓"完整"指组成该形体的各基本几何体都能在投影中得到表达；所谓"清楚"是指组成该形体的各几何体的形状及其相对位置都能得到充分表达。

基础形体由于前后肋板的侧面形状要在侧面投影中反映，因此需要画出正立面、水平面和侧面三个投影图。

4. 画投影图

组合体投影图的画图步骤(图 4-44)如下：

(1)根据形体大小和注写尺寸所占的位置，选择适宜的图幅和比例。

(2)布置投影图。先画出图框和标题栏线框，明确图纸上可以画图的范围，然后大致安排三个投影的位置，使每个投影在注写完尺寸后，与图框的距离大致相等。

(3)画投影图底稿。按形体分析的结果，顺次画出四棱柱底板、中间四棱柱、六块梯形块和楔形杯口的三面投影。画每一基本形体时，先画其最具有特征的投影，然后画其他投影。在正面和侧面投影中杯口是看不见的，应画成虚线。

(4)检查、加深图线。经检查无误后，按各类线宽要求，用较软的 B 或 2B 铅笔进行加深。

(5)标注尺寸。先画出全部尺寸界线，然后认真写好尺寸数字。

(6)最后填写标题栏内各项内容，完成全图。

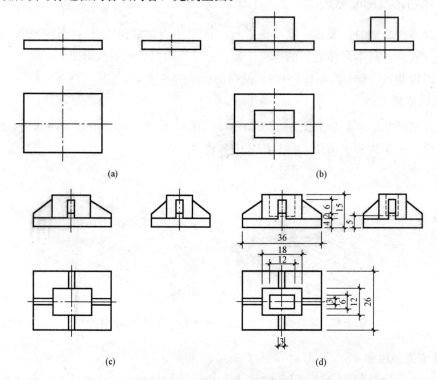

图 4-44 板肋式基础画图步骤
(a)布图、画底板；(b)画中间四棱柱；(c)画四块梯形肋板；
(d)画矩形杯口、擦去多余的线、标注尺寸、完成全图

三、组合体投影图识读

已知组合体投影图，采用相应的读图方法，想象出其空间立体形状，称之为识读。

(一)组合体投影图识读基础

读图前，应掌握以下基本知识：

(1)掌握"长对正、高平齐、宽相等"的三面投影关系，了解建筑装饰形体的长、宽、高

三个方向尺度和上、下、左、右、前、后六个方向在形体投影图上的对应位置。

(2)熟练掌握基本形体的投影特点及其读图方法,并能准确地进行形体分析。

(3)掌握各种位置的线、平面、曲面,以及截交线、相贯线的投影特点,能进行线面分析。

(4)掌握形体的各种表达方法,即掌握单面、两面、三面、多面投影图,辅助投影图,剖面图,断面图等的特性和画法。

(5)掌握尺寸标注法,并能用尺寸配合图形,来确定形体的形状和大小。

(二)组合体投影图识读方法

识读组合体投影图的方法,包括形体分析法、线面分析法、逆转法和观察法。

(1)形体分析法。即根据基本形体的投影特点,用适当的分析方法,在投影图上分析形体各个组成部分的形状和相对位置,然后综合起来确定形体的总的形状。

(2)线面分析法。即根据线、面的投影特性,分析投影图中某条线或某个线框的空间意义,从而想象出组合体中各基本体的形状,最后再根据组合体的相对位置,综合想象出组合体的空间立体形状。

(3)逆转法。也称恢复原形法。即恢复形体在切割之前的形状,进而分析切割面的位置,确定表面交线的形状,帮助读懂投影图。

(4)观察法。在投影体系中,若把人的视线设想成一组平行的投影线,则把形体向投影面投影所得的图形称为视图。根据这一原理,在读图、画图时,就能做到直观地观察形体与投影图之间的关系。

(三)组合体投影图识读步骤

(1)要抓住最能反映形状特征的一个投影,结合其他投影,进行分析。

(2)先进行形体分析,后进行线面分析;先外部分析,后内部分析;先整体分析,后局部分析,再由局部到整体。

(3)综合起来想象出该组合体的整体形象。

【例题 4-17】 运用形体分析法想象出图 4-45(a)所示组合体的整体形状。

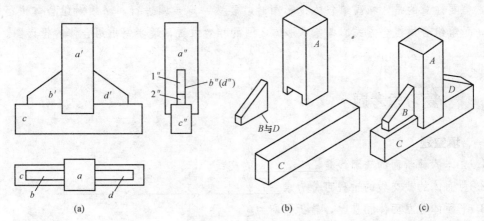

图 4-45 形体分析法读图

(a)已知三面投影;(b)形体分析;(c)形体的立体图

【解】 识读方法：

(1)投影分析。由图 4-45(a)的正面投影图可知，该形体是左右对称的。在 H 图上将形体分成 a、b、c、d 四个部分。按照"长对正、高平齐、宽相等"的投影规律和基本体投影特征可知，四边形 a' 在平面图与左侧立面图中对应的是 a、a'' 线框，这就可以确定该形体的正中间是一个如图 4-45(b)所示的四棱柱 A。同理，可知 b' 的空间形状是如图 4-45(b)中所示的上顶面为斜面的四棱柱 B。d' 所对应的空间形状与 B 形状是完全相同的。再看正方面图中的 c' 线框，在平面图中与之对应的是矩形 c，在侧面图中与之对应的是矩形 c''，所以它的空间形状是如图 4-45(b)所示的四棱柱 C。

(2)确定相对位置。由投影可知，V 面图反映了形体各组成部分的上下左右位置；H 面图反映了形体各组成部分的前后左右位置；W 面图反映了形体各组成部分的上下前后关系。因此，根据各投影图可知 C 形体在最下面，A 形体在 C 形体的中间上方，且 C 形体从 A 形体下方的方槽中通过。B、D 形体对称地分放在 A 形体的两侧，与 C 形体前面、后面距离相等。

(3)综合以上分析，想象出整个形体的形状与结构，如图 4-45(c)所示。

本章小结

表面是平面的立体，称为平面立体，如棱柱、棱锥，其截交线是一条封闭的平面折线线框，线框的边是截平面与立体表面的交线，线框的转折点是截平面与立体侧棱或底边的交点。画平面立体的投影图的方法主要是画其棱线和顶点的投影。

常见的曲面立体是回转体，如圆柱、圆锥、球和圆环，其截交线是封闭的平面曲线或曲线与直线组成的平面图形。曲面体截交线上的每一点都是截平面与曲面体表面的一个公共点，求出足够的公共点，然后依次连接起来。圆柱体投影的特点是：圆柱体的上、下两个底面的水平投影重合，并反映实形。圆锥体投影的特点是：地面的水平投影为圆形，其他两投影积聚为直线段。圆球体投影的特点是：三面投影均是与球的直径大小相等的圆。此外，需要注意的是，在画组合体投影图时，要按一定步骤进行，必须对组合体进行形体分析，了解组合体组合方式，各基本形体之间的相对位置，逐步做出组合体的投影图。

复习思考题

一、填空题

1. 立体的截断面的轮廓线是_____的交线。
2. 曲面体的截交线的过程可分为求_____、_____、_____。
3. 平面体与立面体相贯时，转折点即为_____。
4. 轴线正交的圆锥和圆柱相贯，它们的相贯线是_____。
5. 任何截交线都具有_____、_____两个基本性质。

二、选择题

1. 平面截切立体时,平面与立体的交线称为( )。
    A. 截平面　　　B. 截立体　　　C. 截交线　　　D. 立体在平面上的投影
2. 平面截切圆柱,当其平行于圆柱的两条素线时,则截交线为( )。
    A. 矩形　　　　B. 椭圆　　　　C. 圆形　　　　D. 三角形
3. 平面截切圆锥时,平面通过锥顶,则截交线为( )。
    A. 矩形　　　　B. 椭圆　　　　C. 圆形　　　　D. 三角形
4. 基本体叠加时,其表面结合有( )方式。
    A. 相切　　　　B. 平切　　　　C. 平齐　　　　D. 相交
    E. 相贯
5. 下列不属于组合体投影图识读方法的是( )。
    A. 形体分析法　　B. 点线分析法　　C. 线面分析法　　D. 逆转法

三、简答题

1. 平面立体、曲面立体有几种截交线的情况?
2. 棱柱、棱锥、圆柱、圆锥及球的投影有哪些特性?
3. 什么是组合体?其主要的组合方式有哪些?
4. 什么是形体分析法?什么是线面分析法?
5. 简述组合体的投影图识读步骤。

第五章　建筑装饰剖面图和断面图

学习目标

通过本章的学习，了解剖面图、断面图的形成过程；熟悉剖面图、断面图的种类；掌握剖面图、断面图的画法及内容。

能力目标

通过本章的学习，能够识读各种类型的剖面图；能够识读各种类型的断面图。

第一节　建筑装饰剖面图

一、剖面图的形成

为了将物体的内部构造表达清楚，假想用一个剖切平面将形体切开，然后将剖切平面与观察者之间的部分形体移开，将剩下的部分形体向投影面作正投影，即形成剖面图（图5-1）。

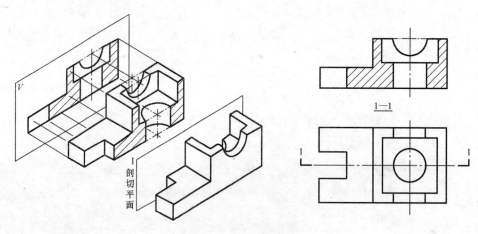

图5-1　剖面图的形成

二、剖面图的分类

由于建筑装饰形体的形状不同，形体剖面图的剖切位置和作图方法也不同，根据剖切位置和作图方法将剖面图分为以下几个类别。

(一)全剖面图

对于外形简单且对称的形体或不对称的形体，或在另一个投影中已将其外形表达清楚时，可假想用一个剖切平面将形体全部剖开，然后画出形体的剖面图，该剖面图称为全剖面图，如图5-2所示。

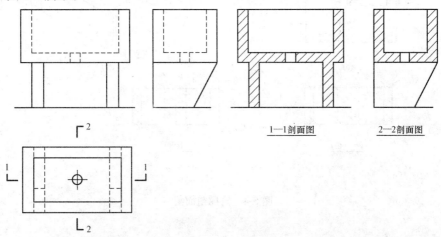

图 5-2 全剖面图

(二)半剖面图

对于外形对称的形体，画图时常把投影图的一半画成剖面图，把另一半画成形体的外形图，这个组合而成的投影图称为半剖面图，如图5-3所示。

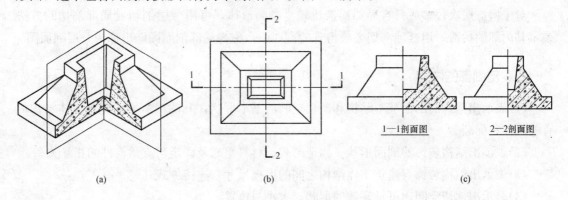

图 5-3 半剖面图
(a)直观图；(b)投影图；(c)剖面图

(三)阶梯剖面图

如图5-4(a)所示，形体有两个孔洞，但这两个孔洞不在同一轴线上，如果仅作一个全剖面图，势必不能同时剖切到两个孔洞。因此，可以考虑用两个相互平行的平面通过两个孔洞剖切，如图5-4(b)所示，这样画出来的剖面图，称为阶梯剖面图。剖切图中由于剖切而使形体产生的轮廓线不应在剖面图中画出，如图5-4(c)所示。

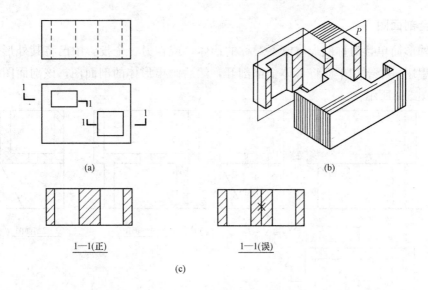

图 5-4 阶梯剖面图

(四)展开剖面图

对于发生不规则的转折或圆柱体上的孔洞不在同一轴线上时,采用全剖切、半剖切和阶梯剖切方法都不能解决,可以用两个或两个以上相交剖切平面将形体剖切开,这样画出的剖面图,称为展开剖面图。

(五)局部剖面图

对于构造层次较多或只有局部构造比较复杂的形体,可用分层剖切或局部剖切的方法表示其内部的构造,用这种剖切方法得到的剖面图,称为局部剖面图,也称为分层剖面图。

三、剖面图的内容

(1)表示出建筑的剖面基本结构和剖切空间的基本形状,并注出所需的建筑主体结构的有关尺寸和标高。

(2)表示出结构装饰的剖面形状、构造形式、材料组成及固定与支承构件的相互关系。

(3)表示出结构装饰与建筑主体结构之间的衔接尺寸与连接方式。

(4)表示出剖切空间内可见实物的形状、大小与位置。

(5)表示出结构装饰和装饰面上的设备安装方式或固定方法。

(6)表示出某些装饰构件、配件的尺寸,工艺做法与施工要求,另有详图的可概括表明。

(7)表示出节点详图和构配件详图的所示部位与详图所在位置。

如果是建筑内部某一装饰空间的剖面图,还要表明剖切空间内与剖切平面平行的墙面装饰形式、装饰尺寸、饰面材料与工艺要求等。

(8)表示出图名、比例和被剖切墙体的定位轴线及其编号,以便与平面布置图和顶棚平面图对照阅读。图 5-5 为某别墅室外装饰剖面图。

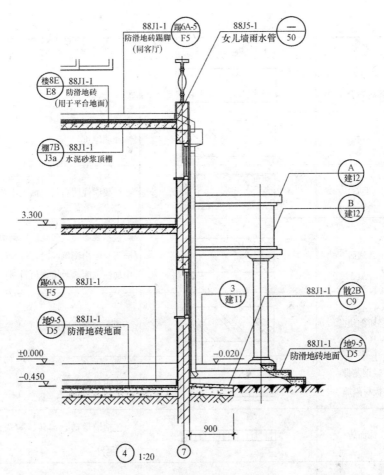

图 5-5 某别墅室外装饰剖面图

四、剖面图的画法

画剖面图通常分为三个步骤,即确定剖切位置、画剖面图和剖面图标注。

1. 确定剖切位置

画剖面图时,应选择适当的剖切平面位置,使剖切后画出的图形能准确、全面地反映所要表达部分的真实形状。

2. 画剖面图

剖切平面与物体接触部分的轮廓线用粗实线表示,剖切平面后面的可见轮廓线在建筑装饰图中用中实线画出。

为区分形体的空腔和实体,剖切平面与物体接触部分应画出材料图例,同时表明建筑装饰所用的材料,常用建筑室内装饰装修材料图例见表 5-1。

表 5-1 常用房屋建筑室内装饰装修材料图例

序号	名称	图 例	备 注
1.	夯实土壤		—

续一

序号	名称	图例	备注
2	砂砾石、碎砖三合土	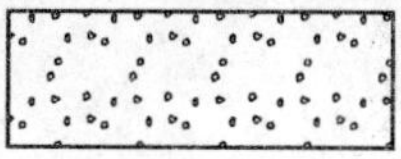	—
3	石材	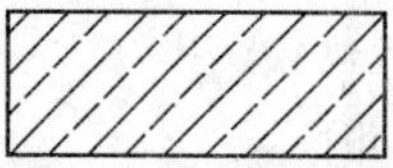	注明厚度
4	毛石	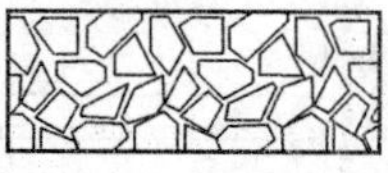	必要时注明石料块面大小及品种
5	普通砖	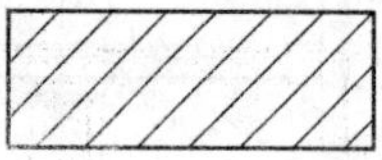	包括实心砖、多孔砖、砌块等砌体。断面较窄不易绘出图例线时，可涂红，并在图纸备注中加注说明，画出该材料图例
6	轻质砌块砖	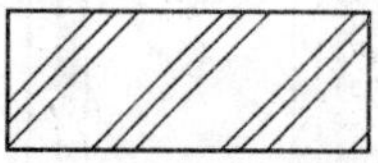	指非承重砖砌体
7	轻钢龙骨板材隔墙	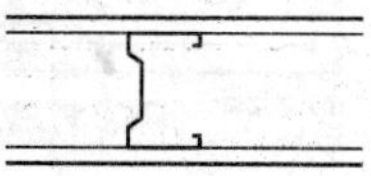	注明材料品种
8	饰面砖	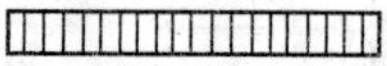	包括铺地砖、锦砖、陶瓷锦砖、人造大理石等
9	混凝土	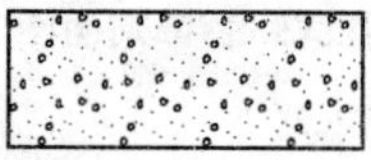	1. 本图例指能承重的混凝土及钢筋混凝土； 2. 包括各种强度等级、骨料、添加剂的混凝土； 3. 在剖面图上画出钢筋时，不画图例线； 4. 断面图形小，不易画出图例线时，可涂黑
10	钢筋混凝土	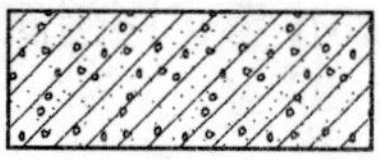	
11	多孔材料	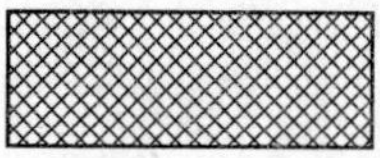	包括水泥珍珠岩、沥青珍珠岩、泡沫混凝土、非承重加气混凝土、软木、蛭石制品等
12	纤维材料	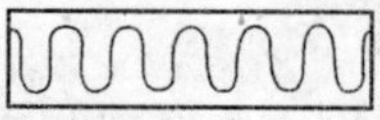	包括矿棉、岩棉、玻璃棉、麻丝、木丝板、纤维板等
13	泡沫塑料材料	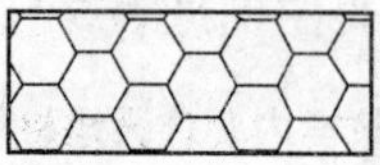	包括聚苯乙烯、聚乙烯、聚氨酯等多孔聚合物类材料
14	密度板	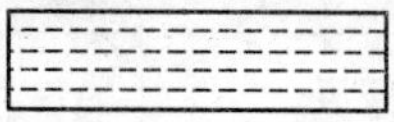	注明厚度

续二

序号	名称	图例	备注
15	实木		表示垫木、木砖或木龙骨
		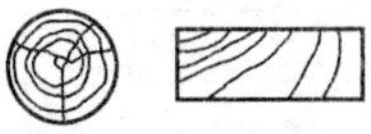	表示木材横断面
		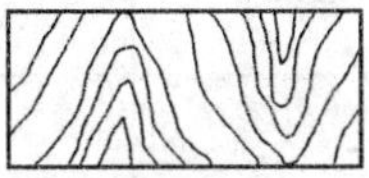	表示木材纵断面
16	胶合板	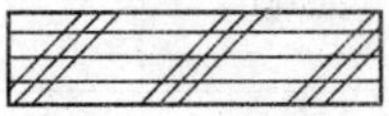	注明厚度或层数
17	多层板	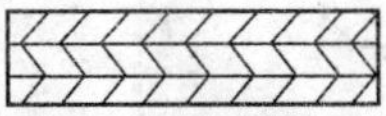	注明厚度或层数
18	木工板	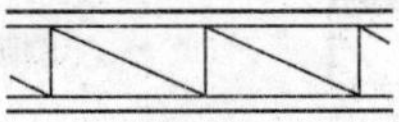	注明厚度
19	石膏板	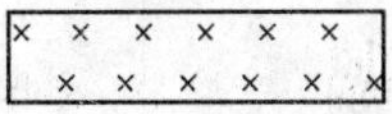	1. 注明厚度； 2. 注明石膏板品种名称
20	金属	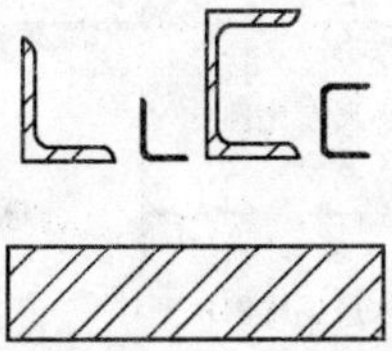	1. 包括各种金属，注明材料名称； 2. 图形小时，可涂黑
21	液体		注明具体的液体名称
		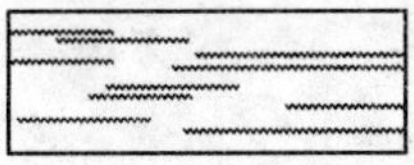 （平面）	
22	玻璃砖	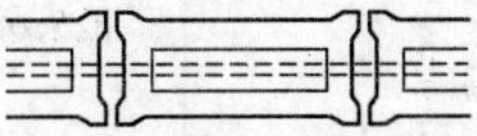	注明厚度
23	普通玻璃	 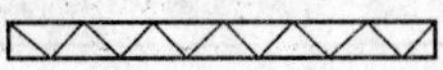	注明材质、厚度
		 （立面）	

续三

序号	名称	图例	备注
24	磨耗玻璃	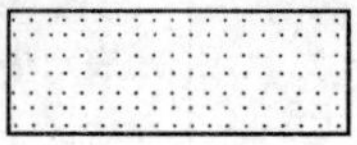 (立面)	1. 注明材质、厚度； 2. 本图例采用较均匀的点
25	夹层(夹绢、夹纸)玻璃	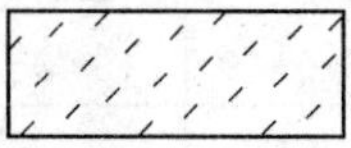 (立面)	注明材质、厚度
26	镜面	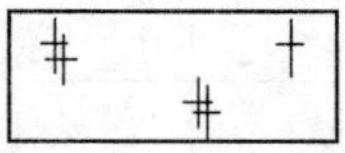 (立面)	注明材质、厚度
27	橡胶		—
28	塑料		包括各种软、硬塑料及有机玻璃等
29	地毯	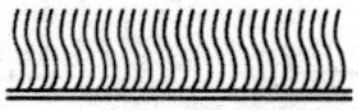	注明种类
30	防水材料	(小尺度比例) (大尺度比例)	注明材质、厚度
31	粉刷		本图例采用较稀的点
32	窗帘	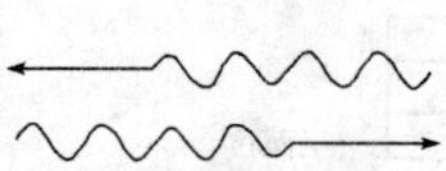 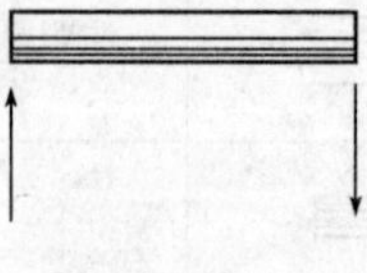 (立面)	箭头所示为开启方向

注：序号1、3、5、6、10、11、16、17、20、23、25、27、28图例中的斜线、短斜线、交叉斜线等均为45°。

如未注明该形体的材料，应在相应位置画出同向、同间距并与水平线呈45°角的细实线，即剖面线。画剖面线时，同一形体在各个剖面图中剖面线的倾斜方向和间距要一致。

3. 剖面图标注

由于剖面图本身不能反映剖切平面的位置，因此，必须在其他投影图上标注出剖切平面的位置及剖切形式。剖切位置及投影方向用剖切符号表示，且均用粗实线绘制。剖切位置线的长度一般为 8~10 mm。剖视方向线应垂直于剖切位置线，长度为 4~6 mm，如图 5-6 所示。

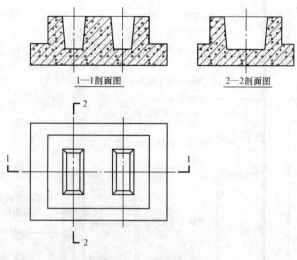

图 5-6　剖面图的标注

为了区分同一形体上的几个剖面图，在剖切符号上应用阿拉伯数字加以编号，数字编号应写在剖视方向线的一边。

五、剖面图的识读

阅读建筑装饰剖面图时，首先要对照平面布置图，看清楚剖切面的编号是否相同，了解该剖面的剖切位置和剖视方向。

要分清哪些是建筑主体结构的图像和尺寸，哪些是装饰结构的图像和尺寸。当装饰结构与建筑结构所用材料相同时，它们的剖断面表示方法是一致的。现代某些大型建筑的室内外装饰，并不仅仅是贴墙面、铺地面、吊顶，因此要注意区分，以便了解它们之间的衔接关系、方式和尺寸。

通过对剖面图中所示内容的阅读研究，明确装饰工程各部位的构造方法、构造尺寸，以及材料要求与工艺要求。

建筑装饰形式变化多，程式化的做法少。作为基本图的装饰剖面图，只能表明原则性的技术构成问题，具体细节还需要详图来补充说明。因此，在阅读建筑装饰剖面图时，还要注意按图中索引符号所示方向，找出各部位节点详图来仔细阅读，不断对照。弄清楚各连接点或装饰面之间的衔接方式，以及包边、盖缝、收口等细部的材料、尺寸和详细做法等。

阅读建筑装饰剖面图要结合平面布置图和顶棚平面图进行，某些室外装饰剖面图还要结合装饰立面图来综合阅读，才能全方位地了解剖面图示内容。

图 5-7 和图 5-8 是某川菜馆收银台和大厅的装饰剖面图。

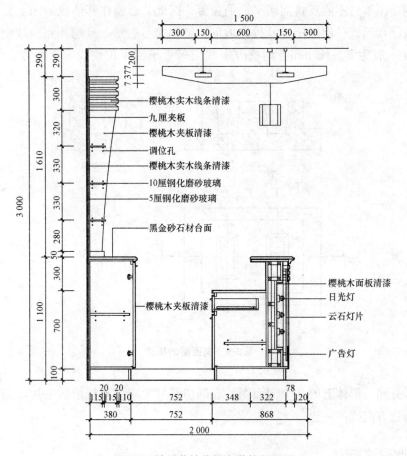

图 5-7 某川菜馆收银台装饰剖面图

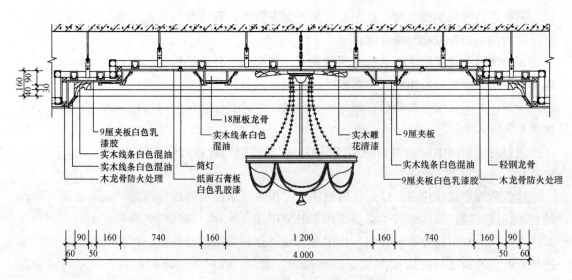

图 5-8 某川菜馆大厅装饰剖面图

第二节 建筑装饰断面图

一、断面图的形成

假想用一个剖切平面将形体切开，画出剖切平面与形体接触部分即截断面的形状，就形成断面图（图 5-9）。

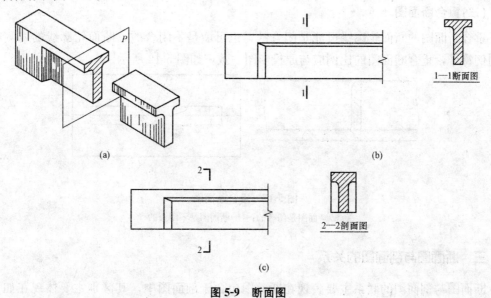

图 5-9 断面图

断面图常用来表示建筑装饰工程中梁、板、柱造型等某一部位的断面真实形状，需单独绘制。

二、断面图的种类

根据断面图的配置可将断面图分为移出断面图、中断断面图和重合断面图。

（一）移出断面图

移出断面图的画法如图 5-10 所示。

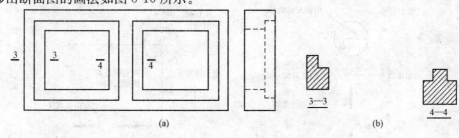

图 5-10 移出断面图
(a)正投影图；(b)断面图

(二)中断断面图

对于单一的长向杆件,也可在杆件投影图的某一处用折断线断开,然后将断面图画于其中,如图5-11所示。

图5-11 中断断面图

(三)重合断面图

重合断面图的断面轮廓线可能是闭合的,也可能是不闭合的,断面轮廓线的内侧应加画图例符号,重合断面图的比例应与原投影图一致,如图5-12所示。

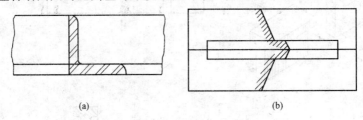

图5-12 重合断面图
(a)断面图是闭合的;(b)断面图是不闭合的

三、断面图与剖面图的关系

断面图与剖面图的联系主要表现在断面图包含于剖面图中,其区别主要体现在如下几个方面:

第一,表示内容不同。断面图主要表示形体被剖切后截断"面"的投影;剖面图主要表示形体剖切后剩余部分"体"的投影,除画出截面图形外,还应画出沿投射方向所能看到的其余部分。

第二,表示方法不同,即剖切符号不同。

(1)断面的剖切符号应符合下列规定:

①断面的剖切符号(图5-13)应由剖切位置线、引出线及索引符号组成。剖切位置线应以粗实线绘制,长度宜为8~10 mm。引出线由细实线绘制,连接索引符号和剖切位置线。

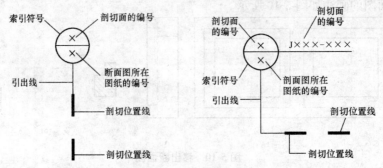

图5-13 断面的剖切符号

②断面的剖切符号的编号宜采用阿拉伯数字或字母，编写顺序按剖切部位在图样中的位置由左至右、由下至上编排，并应注写在索引符号内。

③索引符号内编号的表示方法应符合规定。

(2)剖视的剖切符号应符合下列规定：

①剖视的剖切符号应由剖切位置线、投射方向线和索引符号组成。剖切位置线位于图样被剖切的部位，以粗实线绘制，长度宜为8～10 mm；投射方向线平行于剖切位置线，由细实线绘制，一段应与索引符号相连，另一段长度应与剖切位置线平等且长度相等。绘制时，剖视剖切符号不应与其他图线相接触(图5-14)。也可采用国际统一和常用的剖视方法，如图5-15所示。

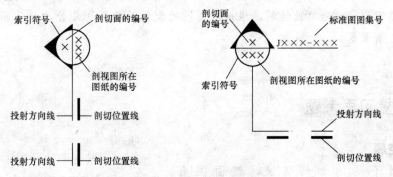

图5-14　剖视的剖切符号(一)

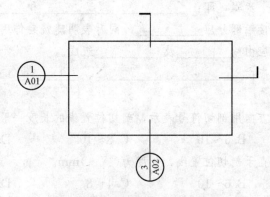

图5-15　剖视的剖切符号(二)

②剖视的剖切符号的编号宜采用阿拉伯数字或字母，编写顺序按剖切部位在图样中的位置由左至右、由下至上编排，并注写在索引符号内。

③剖切符号应标注在需要表示装饰装修剖面内容的位置上。

④局部剖面图(不含首层)的剖切符号应标注在被剖切部位的最下面一层的平面图上。

第三，剖切平面数量及画图目的不同。断面图一般引用单一剖切平面，通常画断面图是为了表达物体中某一局部断面形状；剖面图可采用多个剖切平面，画剖面图是为了表达形体的内部形状和结构。

本章小结

为了将物体的内部构造表达清楚，假想用一个剖切平面将形体切开，然后将剖切平面与观察者之间的部分形体移开，将剩下的部分形体向投影面作正投影，即形成剖面图。根据剖面图的剖切位置和作图方法可将其分为全剖面图、半剖面图、阶梯剖面图、展开剖面图和局部剖面图。画剖面图时应选择适当的剖切位置，使剖切后画出的图形能确切全面地反映所要表达部分的真实形状。断面图常用来表示建筑装饰工程中梁、板、柱造型等某一部位的断面真实形状，需单独绘制，根据断面图的配置可将断面图分为移出断面图、中断断面图和重合断面图。

复习思考题

一、填空题

1. 根据不同的剖切方式，剖面图有 _____、_____、_____、_____ 和 _____。
2. 画剖面图分为三个步骤，即：_____、_____ 和 _____。
3. 剖切平面与物体接触部分应 _____，同时表明建筑装饰用的材料。
4. 剖视的剖切符号应由 _____ 及 _____ 组成。
5. 断面的剖切符号应由 _____、_____、_____ 组成。

二、选择题

1. 剖切位置及投影方向用剖切符号表示，剖切位置线的长度一般为（　　）mm。
   A. 6～10　　　　B. 6～16　　　　C. 8～10　　　　D. 8～16
2. 剖视方向线应垂直于剖切位置线，长度为（　　）mm。
   A. 4～6　　　　B. 6～10　　　　C. 4～8　　　　D. 8～10
3. 断面的剖切符号应只用剖切位置线表示，并应以粗实线绘制，长度宜为（　　）mm。
   A. 4～6　　　　B. 6～10　　　　C. 4～8　　　　D. 8～10
4. 根据断面图的配置可将断面图分为（　　）。
   A. 中断断面图　　　　　　　　　B. 移出断面图
   C. 局部断面图　　　　　　　　　D. 相切断面图
   E. 重合断面图
5. 下列说法，不正确的是（　　）。
   A. 剖切平面与物体接触部分的轮廓线用粗实线表示
   B. 剖切平面后面的可见轮廓线在建筑装饰图中用中实线画出
   C. 剖视剖切符号的编号宜采用阿拉伯数字，按顺序由左至右、由上至下连续编排
   D. 断面剖切符号的编号宜采用阿拉伯数字，按顺序连续编排

三、简答题

1. 剖面图是怎样形成的？其分类有哪些？
2. 简述画剖面图的步骤。
3. 断面图是怎样形成的？
4. 常用的断面图有几种？
5. 简述剖面图与断面图的联系与区别。

第六章　轴测图与透视图

学习目标

通过本章的学习，了解轴测图及透视图的形成及相关术语；掌握建筑装饰工程轴测图与透视图的分类、特点及其投影规律。

能力目标

通过本章的学习，能够熟练根据所学方法进行轴测图与透视图的绘制；能够进行轴测图与透视图的识读。

第一节　轴　测　图

建筑装饰工程施工实践中常用两个或两个以上的正投影图表示形体的构件和大小，因为正投影图具有度量性好、绘图简便的特点，但由于每个正投影图只反映构件的两个尺度，给施工图的识读带来很大的困难，识读施工图时必须将两个或两个以上的正投影图联系起来，利用正投影的知识才能想象出形体的空间形状。所以，正投影的直观性差，识读较难。为了便于读图，在工程中常在正投影图的旁边，再用一种富有立体感的投影图来表示形体，这种图样称为轴测投影图，简称轴测图。如图 6-1 中垫座的正投影图和轴测图。

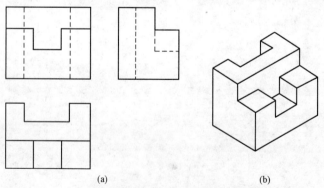

图 6-1　垫座的正投影图和轴测图
(a)正投影图；(b)轴测图

轴测投影图是根据平行投影的原理，把形体连同三个坐标轴一起投射到一个新投影面上所得到的单面投影图。它可以在一个图上同时表示形体长、宽、高三个方向的形状和大小，图形接近人们的视觉习惯，具有立体感，比较容易看懂，但它与正投影图相比不能准确地反映形体各部分的真实形状和大小，因而应用上有一定的局限性，在建筑装饰制图中一般作为辅助图样。

一、轴测投影的形成及有关术语

(一)轴测投影的形成

根据平行投影的原理，把形体连同确定其空间位置的三条坐标轴 OX、OY、OZ 一起沿着不平行于这三条坐标轴的方向，投影到新投影面 P 上，所得到的投影称为轴测投影，如图 6-2 所示。

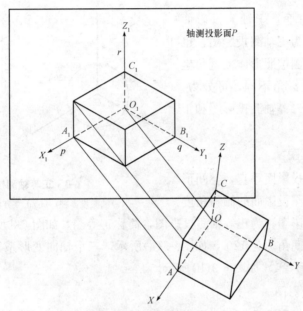

图 6-2　轴测投影的形成

由于轴测投影是根据平行投影原理形成的，因此轴测投影具有平行投影的特点，主要包括：平行性、定比性和真实性。

(1)平行性。形体上原来互相平行的线段，轴测投影后仍然平行。

(2)定比性。形体上原来互相平行的线段长度之比，等于相应的轴测投影之比。

(3)真实性。所有与轴测投影面平行的直线或平面，其轴测投影均反映实长或实形。

(二)轴测投影的有关术语

结合图 6-2 将轴测投影的有关术语进行解释：

(1)轴测投影面。在轴测投影中，投影面 P 称为轴测投影面。

(2)轴测轴。直角坐标轴的轴测投影称为轴测投影轴，简称轴测轴，用 O_1X_1、O_1Y_1、O_1Z_1 表示。

(3)轴间角。在轴测投影面 P 上，三个轴测投影轴 O_1X_1、O_1Y_1、O_1Z_1 之间的夹角 $\angle X_1O_1Y_1$、$\angle Z_1O_1Y_1$、$\angle Z_1O_1X_1$ 称为轴间角。

(4)轴向伸缩系数。在轴测投影图中，轴测投影轴上的单位长度与相应坐标轴上的单位长度之比称为轴向伸缩系数,也称为轴向变形系数,用 p、q、r 表示。

X 轴的轴向伸缩系数　　　　　　　　$p=O_1X_1/OX$

Y 轴的轴向伸缩系数　　　　　　　　$q=Q_1Y_1/OY$

Z 轴的轴向伸缩系数　　　　　　　　$r=Q_1Z_1/OZ$

二、轴测投影图的分类

根据投影方向与轴测投影面的相对位置,轴测投影可分为正轴测投影图和斜轴测投影图两大类。

(一)正轴测投影图

当轴测投影方向垂直于轴测投影面时,得到的轴测图称为正轴测投影图,也称正轴测图。正轴测图按照形体上直角坐标轴与轴测投影面的倾角不同,可分为:正等轴测投影图、正二等轴测投影图和正三等轴测投影图等。

1. 正等轴测投影图

投影方向与轴测投影面垂直,空间形体的三个坐标轴与轴测投影面的倾斜角度相等,这样得到的投影图称为正等轴测投影图,简称正等测,如图 6-3 所示。

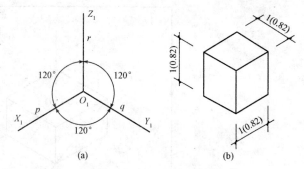

图 6-3　正等轴测投影图

(a)轴测投影轴;(b)正立方体的正等测图

正等测图中,轴间角均为 120°,如图 6-3(a)所示,三个轴向变形系数相等,$p=q=r=0.82$,通常取 $p=q=r=1$,如图 6-3(b)所示。

2. 正二等轴测投影图

投影方向与轴测投影面垂直,空间形体的三个坐标轴只有两个与轴测投影面的倾斜角度相等,这样得到的投影图,称为正二等轴测投影图,简称正二测,如图 6-4 所示。

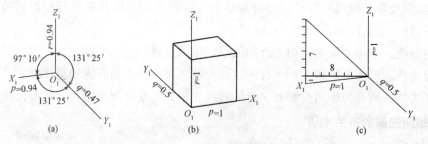

图 6-4　正二等轴测投影图

(a)轴间角;(b)正立方体的正二测图;(c)轴向伸缩系数

正二测图中,三个轴的轴间角有两个相等,OX、OZ 轴的轴向变形系数均为 0.94,OY 轴的轴向变形系数为 0.47,如图 6-4(a)所示,为了作图方便,习惯上取 p 和 r 为 1,q 为 0.5,这样作出的轴测图比实际的轴测图略大一些,如图 6-4(b)所示。O_1Z_1 轴作成铅垂线,O_1X_1 轴与水平线的夹角是 $7°10'$,O_1Y_1 轴与水平线的夹角为 $41°25'$。

在实际作图时，不需要用量角器准确画轴间角，可用近似方法作图，即 O_1X_1 采用 1∶8，O_1Y_1 采用 7∶8 的方法，图 6-4(c)所示。

3. 正三等轴测投影图

正三等轴测投影图简称正三测。正三测图中，三个轴的轴间角不等，轴向伸缩系数 $p=0.871$，$q=0.961$，$r=0.554$，即 $p \neq q \neq r$。具体作图时，为简便计算，可取 $p=0.9$，$q=1$，$r=0.6$，如图 6-5 所示。

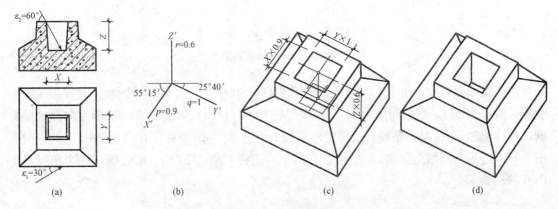

图 6-5 正三等轴测投影图

(二)斜轴测投影图

当轴测投影方向倾斜于轴测投影面的轴测投影时，得到的轴测图称为斜轴测。斜轴测可分为正面斜轴测图和水平斜轴测图等。

1. 正面斜轴测图

正面斜轴测图也称作正面斜二测。当形体的正立面平行于轴测投影面时，投影方向与轴测投影面倾斜所作的轴测图，称为正面斜轴测，也叫斜二测图，如图 6-6 所示。

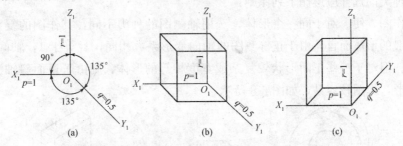

图 6-6 正面斜轴测图的轴间角和轴向伸缩系数

正面斜轴测图的轴间角分别为 $\angle X_1O_1Y_1 = \angle Y_1O_1Z_1 = 135°$，$\angle Z_1O_1X_1 = 90°$。轴向变形系数 $p=r=1$，$q=0.5$。

由于正面斜轴测图的轴向变形系数 $p=r=1$，轴间角 $\angle Z_1O_1X_1 = 90°$，所以，正面斜轴测图中，形体的正立面不发生变形。

2. 水平斜轴测图

投影方向与轴测投影面倾斜，空间形体的底面平行于水平面，且以水平面作为轴测投影面时，得到的轴测图称为水平斜轴测图，如图 6-7 所示。

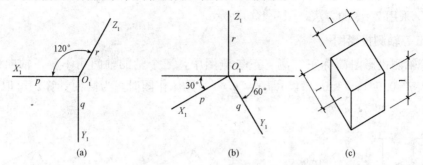

图 6-7 水平斜轴测图

水平斜轴测图中，由于空间形体的坐标轴 OX 和 OY 平行于轴测投影面，其投影未发生变形，故 $p=q=1$，且轴间角为 $90°$；而坐标轴 OZ 与轴测投影面垂直，投影方向却是倾斜的，则轴测轴 O_1Z_1 是一条倾斜线，变形系数 r 小于 1，为方便作图，选定 $r=1$，其方向如图 6-7(a)所示，习惯上常取 O_1Z_1 轴铅直向上，而将 O_1X_1 与 O_1Y_1 相应偏转一个角度，如图 6-7(b)所示。

三、轴测投影图的选择

轴测投影图的种类丰富，在建筑装饰工程制图中，究竟采用哪一种轴测图较为方便，要根据具体的立体形状确定。选择轴测投影图的目的是直观形象地表示物体的形状和构造。

轴测投影图能将形体的立体形状直观地反映出来，但对于一个形体，采用轴测图的种类不同，采用的投影方向不同，得到的轴测图立体效果也不同。因此，作轴测图时，分析形体的形状，选择合理的轴测图和轴测投影方向是作好轴测图的关键。

1. 轴测图种类的选择

轴测图种类的选择应遵循下列原则：

第一，作图方便。对于同一个形体，选用轴测图的种类不同，其作图的复杂程度也不同。对于一般的形体而言，由于正等测图的轴向变形系数相同，且等于1，轴间角也相同，作图较容易。但对于一些正面形状较复杂或宽度相等的形体，则由于正面斜轴测图的正立面不发生变形，作图较容易，如图 6-8 所示。

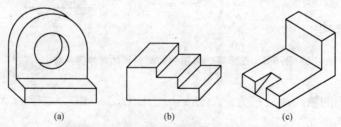

图 6-8 轴测图的比较
(a)正面不发生变形(正面斜轴测图)；(b)宽度相等(正面斜轴测图)；(c)正等测图

第二，减少遮挡。对于一些内部有孔洞的形体选择的轴测投影图应更能充分地表现形体的线与面，立体感鲜明、强烈。如果是前后穿孔的形体，应选择正面斜轴测图，如果是上下穿孔的形体，应选择正等测图。

第三，避免转角处的交线投影成一条直线。如图6-9(b)所示，基础的转角处交线，恰好位于与V面成45°倾角的铅垂面上，这个平面与正等测的投影方向平行，结果转角处的交线在正等测图上投影成一条直线，为避免这种情况发生，应选择图6-9(c)所示的投影方法。

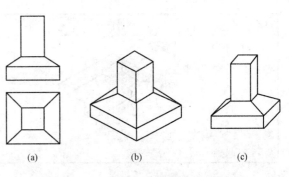

图6-9 避免转角交线投影成直角
(a)正投影图；(b)正等轴测图；(c)正面斜轴测图

总之，在实际建筑装饰工程制图中，应因地制宜，根据所要表达的内容选择适宜的轴测投影图，具体考虑以下几点：

第一，形体三个方向及表面交接较复杂时，宜选用正等测图，但遇形体的棱面及棱线与轴测投影面成45°方向时，则不宜选用正等测图，而应选用正二测图较好。

第二，正二测图立体感强，但作图较繁琐，故常用于画平面立体。

第三，斜二测图能反映一个方向平面的实形，且作图方便，故适于画单向有圆或断面特征较复杂的形体。水平斜二测图常用于建筑制图中绘制建筑单体或小区规划的鸟瞰图等。

2. 投影方向的选择

作形体轴测图时，投影方向选择不当，其轴测投影图的直观效果将受到影响，作形体轴测图时，常用的投影方向见表6-1。

表6-1 作轴测图时常用的投影方向

序号	图　示	投影方向
1		从左前上方向右后下方投影
2		从右前上方向左后下方投影
3		从右前下方向左后上方投影

续表

序号	图 示	投影方向
4	（图示：X_1、Y_1、Z_1 轴方向的立体图）	从左前下方向右后上方投影

图 6-10 为柱顶节点正投影图，对于该图，选择从下向上的投影方向，才能把柱顶节点表达清楚，若从上往下投影，将只能看到楼板。

四、平面立体轴测投影图的画法

画轴测投影图时，首先应分析了解形体的基本组成及各组成部分的特点。形体一般是用正投影图表达的，则首先应读懂正投影图，得出形体的空间形象；然后，选择一种轴测图类型画出轴测轴，并按轴测轴方向量取对应的正投影图的轴向尺寸，确定轴测轴上各点及主要轮廓线的位置；最后画出形体的轴测投影图。

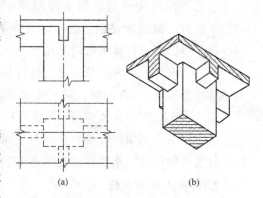

图 6-10 梁、板、柱节点图
(a)正投影图；(b)轴测图

轴测投影图的画法有很多，在本节中重点讲述建筑装饰制图中常采用的几种轴测投影图的画法。

(一)正轴测投影图的画法

画形体正轴测投影图的基本方法是坐标法，结合轴测投影的特性，针对形体形成的方法不同，进行叠加和切割。

1. 正等测投影图的画法

(1)坐标法。沿坐标轴量取形体关键点的坐标值，用以确定形体上各特征点的轴测投影位置，然后将各特征点连线，即可得到相应的轴测图。

【例题 6-1】 已知六棱柱的正投影[图 6-11(a)]，作其正等测图。

【解】 作图：

(1)作正等测图的轴测轴，如图 6-11(b)所示。

(2)在正投影图上确定直角坐标轴的位置，坐标原点在六棱柱下底面的中心上。

(3)根据图 6-11(a)中的水平投影，分别沿 X 轴和 Y 轴量出几个顶点的坐标长度，在轴测轴上，确定形体的轴测投影点，从而画出形体下底面的正等测图，如图 6-11(c)所示。

(4)从下底面的六个顶点上分别作 O_1Z_1 轴的平行线（利用轴测投影的特性），并截取长度等于六棱柱的高度，即得到六棱柱上底面各顶点的正等测图，如图 6-11(d)所示。

(5)将上底面六个顶点的正等测图依次连起来,得到六棱柱的上底面的正等测图。

(6)将轴测投影图的不可见线擦去,并加粗可见线,就得到六棱柱的正等测图,如图6-11(e)所示。

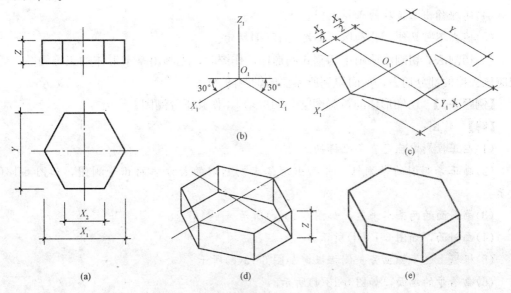

图 6-11 坐标法绘制六棱柱体正等测图

(2)叠加法。由几个基本形体组合而成的组合体,可先逐一画出各部分的轴测投影图,然后再将它们叠加在一起,得到组合体轴测投影图,这种画轴测投影图的方法称为叠加法。

【例题 6-2】 作已知组合形体的轴测投影图。

【解】 作图:

(1)在正投影图上确定坐标轴及坐标原点,如图6-12(a)所示。

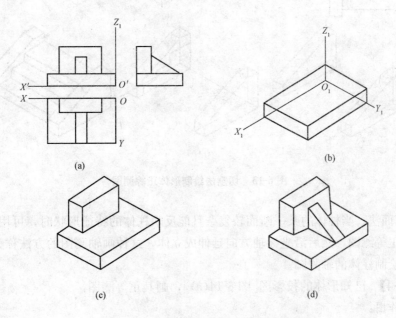

图 6-12 叠加法绘制组合形体正等测图

(2)画轴测轴，并作下面第一个四棱柱的正等测图，如图 6-12(b)所示。

(3)根据第一个四棱柱和第二个四棱柱的相对位置，作出第二个四棱柱的正等测图，如图 6-12(c)所示。

(4)同理作出三棱柱的正等测图。

(5)擦去不可见线，并加深，如图 6-12(d)所示。

(3)切割法。切割法适用于切割式的形体，作图时，先画出基本形体的正等测图，然后把应该去掉的部分切去，从而得到所需要的轴测图。

【例题 6-3】 已知形体的投影图[图 6-13(a)]，作其正等测图。

【解】 作图：

(1)在正投影中确定直角坐标轴。

(2)画正等测图的轴测轴，并画出形体未切割前的长方体的正等测图，如图 6-13(b)所示。

(3)画斜面的两条水平边，如图 6-13(c)所示。

(4)画斜面，如图 6-13(d)所示。

(5)根据上述步骤画另一侧栏板，如图 6-13(e)所示。

(6)画踏步的端面，如图 6-13(f)所示。

(7)画完整的踏步，如图 6-13(g)所示。

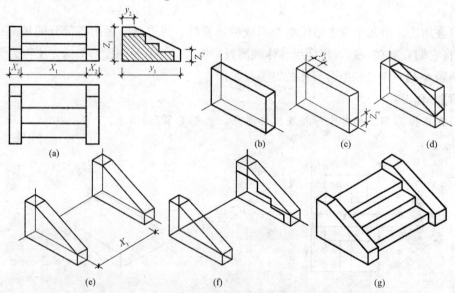

图 6-13 切割法绘制形体正等测图

(4)特征面法。当柱体的某一断面较复杂且能反映柱体的特征形状时，可用坐标法先求出特征面的正等测图，然后沿坐标轴方向延伸成立体，这种画轴测图的方法称为特征画法，主要适用于绘制柱体的轴测图。

【例题 6-4】 已知形体的投影图[图 6-14(a)]，画其正等测图。

【解】 作图：

(1)选择特征面，建立直角坐标系[图 6-14(a)]。

(2)建立轴测投影轴，利用坐标法作出特征面的正等测图[图 6-14(b)]。

(3)沿特征面上的特征点，分别作平行于 O_1X_1 轴的平行线，并截取形体的长度 X，然后顺序连接各点得到形体的正等测图。

(4)加粗可见轮廓线，求得物体的正等测图[图 6-14(c)]。

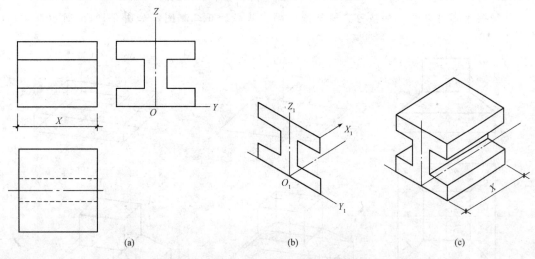

图 6-14 特征面法绘制形体的正等测图

2. 正二测投影图的画法

正二测投影可使空间形体获得较强的立体感，当形体的棱面或棱线与正立面或水平面成 45°时，一般选用正二测投影，正二测图的作图方法与正等测图的作图方法相同，只不过轴间角和轴向变形系数发生了变化，作图方法如图 6-15 所示。

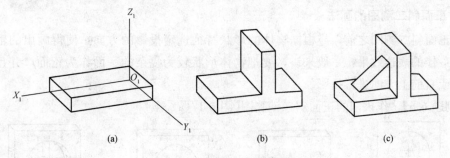

图 6-15 形体的正二测图的画法

作图步骤如下：

(1)作出正二测轴测轴，并在其上作底板四棱柱的轴测图，如图 6-15(a)所示。

(2)按照两四棱柱的相对位置，叠加上面的四棱柱，如图 6-15(b)所示。

(3)叠加中间的三棱柱，如图 6-15(c)所示。

【例题 6-5】 作出已知形体的正二测图。

【解】 作图：

(1)建立直角坐标系，如图 6-16(a)所示。

(2) 建立正二测图的轴测投影轴,利用 $p=r=1$、$q=0.5$,画出底面的正二测图,如图 6-16(b)所示。

(3) 沿 O_1Z_1 轴截取高度,分别画出下棱柱的顶面和上棱柱的底面,然后画出上棱柱体,并连接四条斜棱线,如图 6-16(c)、(d)所示。

(4) 擦除不可见线,加粗可见轮廓线,画出基础的正二测图,如图 6-16(e)所示。

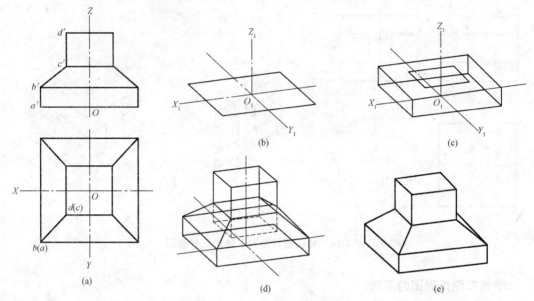

图 6-16 形体正二测图的画法

(二)斜轴测投影图的画法

1. 正面斜二测图的画法

画正面斜二测图之前,应根据物体的形状特征选定投影的方向,使得画出的轴测投影图具有最佳的表达效果,一般来讲,要把物体形状较为复杂的一面作为正面,并且从左前上方向或右前上方向进行投影。

【例题 6-6】 作拱门的正面斜二轴测图[图 6-17(a)]。

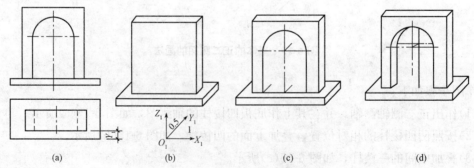

图 6-17 拱门正面斜二轴测图的画法

【解】 作图:

(1) 画轴测轴,O_1X_1、O_1Z_1 分别为水平线和铅垂线,O_1Y_1 轴由左向右或由右向左投射绘制的轴测图效果相同。先画底板轴测图，并在底板上量取$Y_1/2$，定出拱门前墙面位置图，画出外形轮廓立方体，如图6-17(b)所示。

(2)按实形画出拱门前墙面及O_1Y_1轴方向线，并由拱门圆心向后量取1/2墙厚，定出拱门在后墙面的圆心位置，如图6-17(c)所示。

(3)完成拱门正面斜二轴测图，注意只要画出拱门后墙面可见部分图线，如图6-17(d)所示。

2. 水平斜轴测图的画法

在建筑装饰工程中，绘制水平斜轴测图时，O_1Z_1轴竖向伸缩系数$r=1$，以使图形具有较强的立体感。

【例题6-7】 已知形体的投影图[图6-18(a)]，绘制其水平斜轴测图。

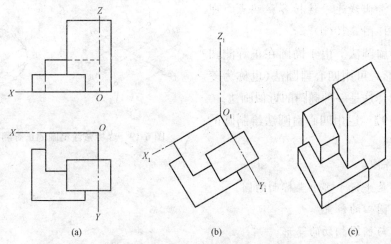

图6-18 形体的水平斜轴测图的画法

【解】 作图：

(1)确定直角坐标系[图6-18(a)]。

(2)将形体的水平投影图绕O_1Z_1轴逆时针旋转30°，建立轴测投影轴(O_1Z_1轴竖向)，画出形体底部投影图，如图6-18(b)所示。

(3)从底部的各个顶点向上引垂线，并在竖直方向(沿O_1Z_1轴)量取相应的高度画出形体顶部。

(4)擦除不可见线，加粗可见轮廓线，作出形体的水平斜轴测图，如图6-18(c)所示。

五、曲面立体轴测投影图画法

作曲面立体的轴测投影图与平面立体的轴测投影图的作图过程基本上是相同的，其不同点在于要求作出圆或圆角的轴测投影。

(一)圆的轴测投影图画法

1. 圆的正等测投影图画法

在正等测图中，圆的正等测投影都是椭圆，绘制平行于坐标面的圆的正等测图常见的方法有坐标法和四心扁圆法。

(1)坐标法。坐标法是轴测投影图作椭圆的真实画法。

【例题 6-8】 运用坐标法绘制圆的正等测投影图。

【解】 作图(图 6-19):

(1)过圆心 O 在轴测投影轴上作出两直径的轴测投影,定出两直径的端点 A、B、C、D,即得到了椭圆的长轴和短轴[图 6-19(b)]。

(2)作出平行于直径的各弦的轴测投影[图 6-19(c)]。

(3)用圆滑曲线逐一连接各弦端点,即为圆的轴测图[图 6-19(d)]。

(2)四心扁圆法。由于椭圆在正等测图中内切于菱形,可用四心扁圆法(也称为菱形法)来绘制。这是一种椭圆的近似画法。

【例题 6-9】 运用四心扁圆法绘制圆的正等测投影图。

【解】 作图:

(1)分辨是平行于哪个坐标面的圆。

(2)确定圆心的位置。

(3)画出与椭圆相切的菱形。

(4)确定椭圆长轴与短轴的方向。

(5)用四心扁圆法分别求四段圆弧。具体做法如图 6-20 所示。

图 6-19 坐标法绘制圆的正等测投影图

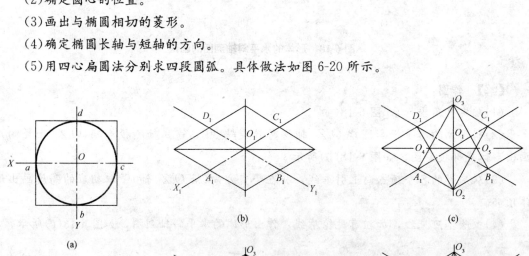

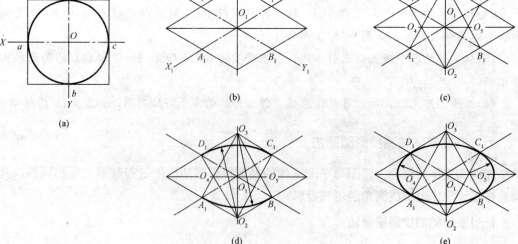

图 6-20 圆心扁圆法绘制圆的正等测投影图

2. 圆的斜二测投影图画法

正面斜二轴测投影是和正立面平行的,所以正平圆的轴测投影仍然是圆,而水平圆和侧平圆的轴测投影则是椭圆。

【例题 6-10】 已知圆的正投影[图 6-21(a)],作其斜二测投影。

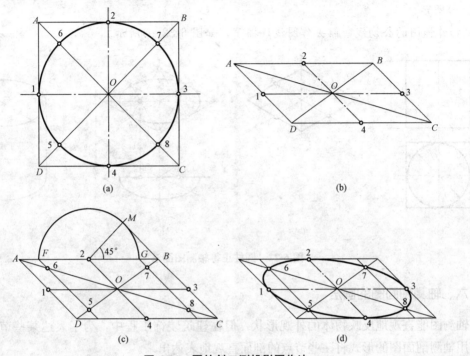

图 6-21 圆的斜二测投影图作法

【解】 作图:

(1)作出圆的外接正方形的轴测投影,作平行四边形 ABCD 的对角线,得交点 O,如图 6-21(b)所示。

(2)过 O 点作两直线分别平行 AB、BC,得交点 1、2、3、4,即图 6-21(a)中圆与外切正方形的四个切点。过 B、2 两点作 45°线交于 M,以 2 为圆心,2M 为半径画圆弧,并与 AB 相交得两个交点 F、G,过此两交点作线平行于 BC,与对角线相交于 5、6、7、8,如图 6-21(c)所示。

(3)将 1、2、3、4、5、6、7、8 八个点用平滑曲线连接起来,即得圆的斜二测投影图,如图 6-21(d)所示。

(二)圆柱的轴测投影图画法

【例题 6-11】 已知直立圆柱的轴线垂直于水平面,作其轴测投影图。

【解】 作图:

(1)作圆柱上底圆的外切正方形,得切点 a_0、b_0、c_0、d_0,定坐标原点和坐标轴,如图 6-22(a)所示。

(2)作轴测轴和四个切点 a、b、c、d,过四点分别作 X、Y 轴的平行线,得外切正方形的轴测菱形,如图 6-22(b)所示。

(3)过菱形顶点 e、f，连接 ec 和 fb 得交点 m，连接 fa 和 ed 得交点 n。e、f、m、n 各点即为作近似椭圆四段圆弧的圆心。以 e、f 为圆心，ec 为半径作圆弧；以 m、n 为圆心，mc 为半径作圆弧，即为圆柱上底的轴测椭圆。将椭圆的四个圆心 e、f、m、n 沿 z 轴平移动高度 h，作出下底椭圆（下底椭圆看不见的一段圆弧不必画出），如图 6-22(c)所示。

(4)作椭圆的公切线，擦去作图线，描深，如图 6-22(d)所示。

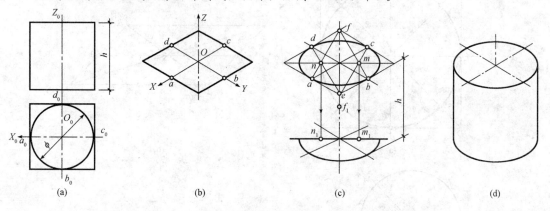

图 6-22 圆柱正等轴测图画法

六、轴测剖面图的画法

轴测图能直观地反映物体的外观形状，但在建筑装饰工程中，为了表达某些节点，有时需用轴测剖面图的形式将一些节点的剖面直观地表达出来。

轴测剖面图是假设用平行于坐标面的剖切平面将物体剖开，然后将剖切后的剩余部分绘制出轴测图。绘制轴测剖面图的方法包括"先整体后剖切"和"先剖切后整体"两种。

（一）"先整体后剖切"法

采用"先整体后剖切"的方法绘制轴测剖面图时，应首先画出完整形体的轴测图，然后将剖切部分画出。当剖切平面平行于坐标面时，将被剖切平面切到的部分画上剖面线，未指明材料时，剖面线一般采用 45°角的等距平行线画出，如果需表明物体的材料种类，则将被切到的部分画上材料图例。若剖切平面不平行于坐标面，则剖断面的图例线不再是 45°斜线，其方向应根据各种轴测图的轴间角及轴向伸缩系数确定。

（二）"先剖切后整体"法

采用"先剖切后整体"法绘制轴测剖面图时，应首先根据剖切位置，画出剖断面的形状，并画上剖面线，然后再完成剩余部分的外形。

【例题 6-12】 画出图 6-23(a)所示形体的轴测剖面图。

【解】 作图：

(1)作出未切割前形体的轴测图，如图 6-23(b)所示。

(2)画出切割的轮廓线，如图 6-23(b)所示。

(3)去掉切割部分，如图 6-23(c)所示。

(4)画出剖面线，并加深，如图 6-23(d)所示。

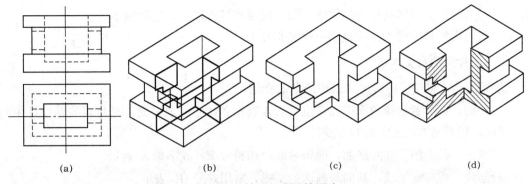

图 6-23 轴测剖面图的画法

第二节 透视图

透视投影图简称透视图(或透视),它不同于轴测投影图的平行投影,它是由人眼引向物体的视线与画面的交点组合而成,是以人的眼睛为中心的中心投影,符合人的近大远小的视觉特点。

一、透视图的形成及有关术语

(一)透视图的形成

透视图是利用中心投影法绘制的,如图 6-24 所示。在人与物体之间设一个画面,假设人眼与物体的各顶点连线都与画面交于一点,则这些交点就是相应的顶点在画面上的透视。连接各点,就可以得到物体在画面上的透视图。

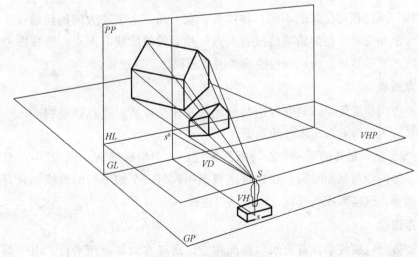

图 6-24 透视图的形成

透视图与正投影图相比,具有如下特点:
(1)近高远低。即等高的形体,与画面距离越近越高,越远越低。
(2)近宽远窄。即等宽的形体,与画面距离越近越宽,越远越窄。

(3)近大远小。即体量相等的物体,与画面距离越近越大,越远越小。

(4)与画面平行的线,在透视图中仍然相互平行。

(二)透视图的有关术语

结合图 6-24 将透视图有关术语作简单的介绍:

(1)基面。即放置物体的水平面,也可看作观察者站立的地平面,是建筑装饰设计中的基础平面,用符号 GP 或字母 H 表示。

(2)画面。投影图所在的平面,即铅垂面,用符号 PP 或字母 K 表示。

(3)基线。也称地平线,基面与画面的交线,常用符号 GL 表示。

(4)站点。表示观察者站立的位置,常用字母 s 表示。

(5)视点。表示观察者眼睛所在的位置,常用字母 S 表示。

(6)视心。也称心点或主点,即视点在画面上的正投影,视点与视心的连线垂直于画面,视心常用符号 s^0 表示。

(7)视高。视点与站点间的距离,用符号 VH 表示。

(8)视距。视点到画面的距离,用符号 VD 表示。

(9)视线。视点与物体上任意一点的连线,用符号 VL 表示。

(10)视平面。过视点的水平面,用符号 VHP 表示。

(11)视平线。视平面与画面的交线,用符号 HL 表示。

(12)基点。空间点在基面上投影。

(13)灭点。也称消失点,是直线上无穷远的透视点,凡平行于基面的直线,灭点的位置在视平线上,与画面相交的一组平行线在画面上共有一个灭点。

二、透视图的分类

根据物体与画面相对位置的不同,物体长、宽、高三个主要方向的轮廓线,与画面可能平行,也可能相交。平行的轮廓线没有灭点,相交的轮廓线有灭点。透视图根据三组主要方向轮廓线灭点的数量分为:一点透视、两点透视、三点透视。

(一)一点透视

三组主要方向轮廓线中,只有一组与画面垂直相交,所以灭点就是视心。一般用来表现室内、街景、大门等有一定深度的画面。

如图 6-25 所示,形体的某一个面与画面平行,三个坐标轴 X、Y、Z 中,只有一个轴与画面垂直,另两轴与画面平行。在这种透视图中,与三个轴平行的直线,只有一个轴向的透视线有灭点,这样形成的透视,即为一点透视。

(二)两点透视

三组主要方向轮廓线中,有两组与画面相交,高度方向与画面平行。由于两个相交的垂直立面与画面成一定夹角,故称为两点透视,也称为成角透视。

如图 6-26 所示,形体的三个坐标轴 X、Y、Z 中,任意两个轴(通常为 X、Y 轴)与画面倾斜相交,第三轴(Z 轴)与画面平行。与画面相交的两个轴向的透视线有灭点,这样形成的透视即为两点透视。

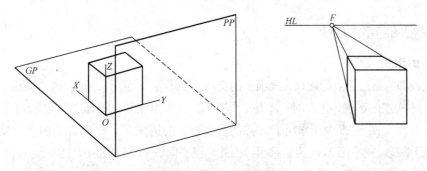

图 6-25 一点透视的形成

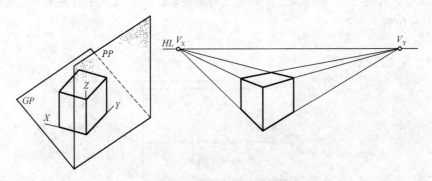

图 6-26 两点透视的形成

(三)三点透视

当画面倾斜于基面时,物体的三组主向轮廓线均与画面相交,画面上有三个方向的灭点,故称为三点透视。

如图 6-27 所示,即为三点透视的形成,它常用于绘制高层建筑,失真较大,绘制也较繁琐,建筑装饰工程中不常用。

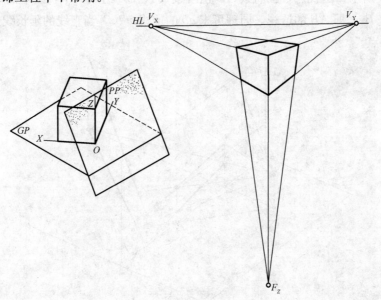

图 6-27 三点透视的形成

三、透视图的基本规律

(一)点的透视

点的透视即为通过该点的视线在画面上的交点,如图 6-28 所示,视线 SA 与画面 PP 的交点 A^0,即为空间 A 点的透视,但此时,A 并不具有可逆性,也就是说所有位于视线 SA 上的点,其透视均重合于 A^0。图 6-28 中还作出了 A 点的正投影 a 的透视 a^0,称为 A 点的基透视。由于投影线 Aa 为铅垂线,视平面 SAa 为铅垂面,因此,视平面 SAa 与画面 PP 的交线 A^0a^0 也是一条铅垂线,由图 6-28 得出的结论是:点的透视及其基点的透视总是位于同一条铅垂线上。

图 6-28 中,a_g 为站点 S 与基点 a 的连线与基线 GL 的交点,在透视图中主要用于确定一个点的左右位置。

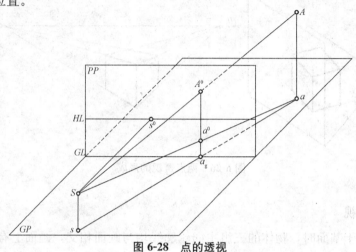

图 6-28 点的透视

(二)直线的透视

如图 6-29 所示,由视点 S 向直线 AB 引视线 SA、SB 组成一个视线平面 SAB,与画面相交,交线 A^0B^0,即 AB 的透视。同理可求 ab 的透视 a^0b^0。当直线的延长线过视点时,直线的透视为一点。

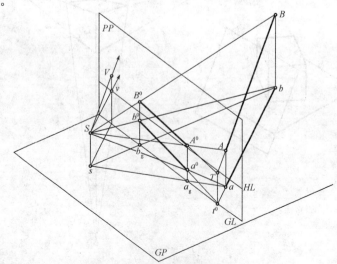

图 6-29 直线的透视及迹点和灭点

直线与画面的交点称为直线的迹点。任何与画面相交的直线,延长后与画面相交于迹点。迹点的透视是其本身,其基透视在基线上。直线的透视必通过直线的画面迹点,基透视必通过迹点的基透视。如图 6-29 所示,AB 延长后与画面 PP 相交于 T,T 即为直线 AB 在画面 PP 上的迹点,透视为其本身,且 A^0B^0 必通过 T,a^0b^0 必须通过 t^0。

直线上无穷远点的透视点称为灭点,一组相互平行的直线共用一个灭点;画面垂直线的灭点即心点;画面平行线没有灭点。如图 6-29 所示,自视点 S 向无限远点引视线 SV // AB,则 SV 与画面 PP 的交点 V 即为 AB 的灭点。直线 AB 的透视一定通过直线的灭点 V。同理可求 AB 的基灭点 v。直线的基灭点一定在视平线 HL 上,且 Vv 垂直于视平线 HL。

四、平面立体透视图的画法

(一)两点透视的画法

两点透视又称为成角透视,因物体的两个立面均与画面成倾斜角度。作图的方法和步骤如下。

1. 视点和画面位置的确定

在现实生活中,我们可以在不同的角度观察和欣赏建筑装饰物,由于我们的站立位置与观察角度的不同,对其产生的印象也不同。同样的道理,画透视图也要选择好视点与视角,才能画出效果良好的透视图。

透视图是观看者的视线与画面相交形成的图形,而人眼不动时观看的范围是有限的。如图 6-30 所示,人眼的视野范围一般看成是以视点为顶点,锥顶角为 60°的正圆锥,称为视锥,其与画面的相交圈称为视圈,圈内范围称为视阈。视锥的顶角称为视角,视角通常控制在 60°以内,以 30°~40°为佳,大于 60°时就会使透视图失真。

(1)视点的确定。确定视点应首先确定站点的位置及视平线的高度。

在平面图上确定站点应注意保证视角大小合适,透视应能反映建筑物的形体特点。

视高的确定一般可按人的身高确定(1.5~1.8 m),此外,若想表现的形体较高,应适当提高视高,若想表现的形体较低,应适当降低视高。

(2)画面位置的确定。

①偏角的确定。画面与形体之间的夹角称为偏角,偏角的大小对透视效果影响较大。偏角小,灭点远,收敛平缓,该立面宽阔。一般采用与主立面成 30°左右为宜。

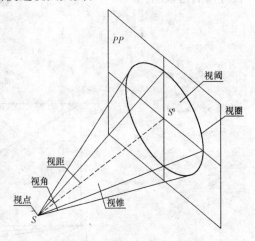

图 6-30 人眼不动时的视阈

②画面前后位置的确定。在画面前面的形体的透视比实际要大。所以有时为了放大透视,可将形体放在画面前面。

2. 视平线和视角的确定

(1)通过视点 S 作一个视平面，所有水平的视线都在视平面 VHP 上，它与画面的交线为视平线 HL，很明显，视平线平行于基线，它们之间的距离等于视高[图 6-31(a)]。

(2)在画面上[图 6-31(b)]，用与实际形体平面图同样的比例，取距离等于视点的高度，画直线平行于基线 GL，就是视平线 HL。

(3)在基面上从站点 s 引两条直线分别与长方体的最左最右两侧棱相接，所形成的夹角称为视角。一般要求视角在 $30°\sim40°$。主视线大致是视角的分角线。

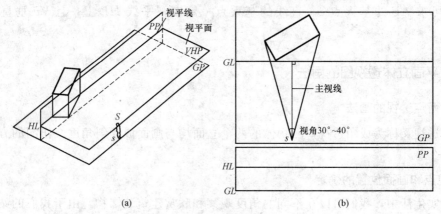

图 6-31 视平线和视角

3. 作图步骤及方法

下面以长方体的两点透视图为例说明两点透视的作图步骤及方法。

【例题 6-13】 如图 6-32 所示，已知长方体的平面图与立面图、站点与画面的位置，求长方体的透视图。

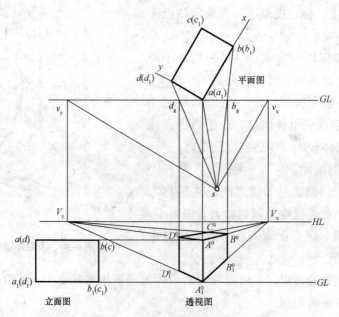

图 6-32 求长方体的透视图

【解】 作图：

(1)在基面上，过站点 s 作四棱柱长、宽方向的平行线与 GL 交于 v_x、v_y。自 v_x、v_y 引垂线与 HL 交于 V_x、V_y。

(2)因 A_1 是画面上的点，透视高度即为实际高度。自平面图上 $a(a_1)$ 点引垂线 $A_1^0 A^0$ 与 GL 交于 A_1^0 点，自立面图上引高线与 $A_1^0 A^0$ 交于 A^0 点。

(3)连 $A_1^0 V_x$、$A^0 V_x$ 为直线 $A_1 B_1$、AB 的透视方向，在平面图上连 $sb(b_1)$ 与 GL 线交于 b_g，自 b_g 引垂直线与 $A_1^0 V_x$、$A^0 V_x$ 相交得 B_1^0、B^0。

(4)通过上述方法可求 D^0、D_1^0。

(5)因直线 $DC // D_1 C_1$、$BC // B_1 C_1$，所以 $D^0 V_y$、$B^0 V_x$ 的交点为 C 点的透视 C^0。

(6)连接各相应的透视点，即得长方体的透视图。

(二)一点透视的画法

当画面同时平行于形体的高度方向和长度方向时，平行于这两个方向的直线的透视，都没有灭点，这种透视称为一点透视。它的作图方法和两点透视作图基本相同。

【例题 6-14】 求某建筑装饰形体的一点透视图。

【解】 作图：

可先将立面图画在基线 GL 上，如图 6-33 双点画线所示。在基面上连接 sb、sc，与基线 GL 相交于 b_g、c_g；在画面上连接 s^0 与 a、s^0 与 A；过 b_g 引铅垂线与 $s^0 a$、$s^0 A$ 相交得点 b^0、B^0；过 b^0、B^0 作平行线与过 c_g 的铅垂线交于 c^0、C^0；依次求作各点，得到 T 形块体的透视。

图中为了节省图幅，将基面与画面展开时重叠了一部分，站点 s 位于心点 s^0 之下。作图时要注意连接同名投影。但不论画面与基面的相对位置是否重叠，其透视效果是不变的。

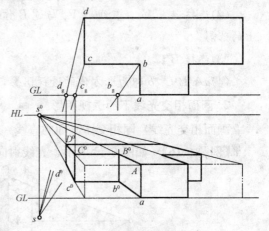

图 6-33 求 T 形块体的透视

五、透视阴影与虚影

(一)透视阴影

阴影是光线照射物体时，物体表面上不直接受光的阴暗部分，而透视阴影则是在物体的透视图中画出阴影的投影，以增加透视图的真实感和立体感。透视图中的阴影是按设想的光源，选定方位和高度，直接在透视图上求作的。

绘制透视阴影，一般采用平行光线。光线的透视具有平行直线的透视特性。平行光线根据它与画面的相对位置的不同又分为两种情况：一种是平行于画面的平行光线，称为画面平行光线；另一种是与画面相交的平行光线，称为画面相交光线。

1. 画面平行光线下的透视阴影

画面平行光线，同平行于画面的直线一样，在画面上没有灭点，仍互相平行。

【例题 6-15】 如图 6-34 所示，已知光源在左，光线投射方向与画面平行，高度角为 45°，求立方体的透视阴影。

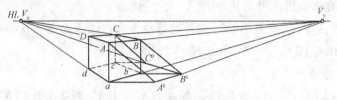

图 6-34 立方体的透视阴影

【解】 作图：

(1) 自 a 作平行于 HL 的直线与过 A 作的 45°向下倾斜线交于 A^0，A^0 即为 A 点在地面上的落影；自 c 作平行于 HL 的直线与过 C 作的 45°向下倾斜线交于 C^0，C^0 即为 C 点在地面上的落影。铅垂线 Aa、Cc 在地面的落影分别为水平线 aA^0、cC^0。

(2) 连接 A^0、V_y，直线 A^0V_y 与过 B 作的 45°向下倾斜线交于 B^0，B^0 即为 B 点在地面上的落影。

(3) 连接 B^0C^0。

(4) $aA^0B^0C^0cb$ 即为立方体的透视阴影，且 C^0cb 不可见。

2. 画面相交光线下的透视阴影

画面相交光线，同相交于画面的直线一样，在画面中有它的灭点。

【例题 6-16】 如图 6-35 所示，光线射向画面，求立方体的阴影。

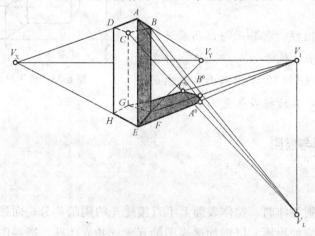

图 6-35 立方体的阴影

【解】 作图：

先求出点 A、B、C 的落影，自点 A、B、C 向 V_L 作光线的透视，分别与光线的基透视 V_1E、V_1F、V_1G 相交于 A^0、B^0、C^0，连接 A^0B^0、B^0C^0，得到立方体的阴影。可知，A^0B^0 的灭点为 V_y，B^0C^0 的灭点为 V_x。

(二)透视图中的倒影与虚像

现实生活中，我们可以在水面上看到物体的倒影，在镜面中看到物体的虚像。它们的形成原理，就是物理学上光的镜面成像的原理。物体在平面镜里的像，跟物体的大小相同，互相对称（以镜面为对称面）。设计者常在建筑装饰透视图上，根据实际需要，画出这种倒影和虚像，以增强图面效果。在透视图中作形体的倒影或虚像，实质上是作出与该形体关于反射面的对称的像的透视。

1. 倒影

由于水面是水平面，所以空间一个点与其在水中的倒影的连线是一条铅垂线，与画面平行。因此，该点与其倒影对水面的垂足的距离，在透视图中仍保持相等。

倒影的形成如图6-36所示。

AA_0和A_0S分别为入射光线和反射光线，位于水面的同一个垂直面内，且入射角与反射角相等，即$α=α'$。现延长SA_0，与过A点的垂线交于A_1点。连接AA_1，与水面交于a点。则直角三角形AA_0a和A_1A_0a

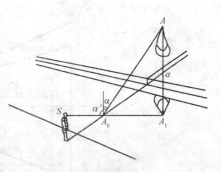

图6-36 倒影的形成

全等，故$Aa=A_1a$，应注意到a点即为Aa直线和A_1a直线的对称点。也就是说，人在A_0处看到的A点，与同时又直接看到A点对称于水面的倒影A_1点一样。

【例题6-17】 如图6-37所示，作平顶房屋的水中倒影。

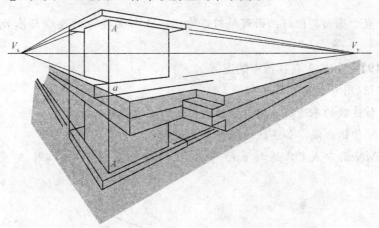

图6-37 水中倒影的透视做法

【解】 作图：

(1)求出房屋角点A在水面上的投影点a，得线段Aa并延长，在延长线上截取长等于Aa，得到A'点。$A'a$即为Aa线段的倒影。

(2)过A'点分别向V_x、F_y消失，其他线段点的做法同$A'a$的作图方法，即可求得其余各倒影点，完成平顶房屋的倒影。

2. 虚像

当镜面垂直于画面及基面时，空间一点与其虚像的连线，是一条同时与画面、基面平行的直线。因此,这一连线的透视、基透视都平行于基线,空间点及其虚像对于镜面的垂直距离在透视图中仍能反映等长。

【例题 6-18】 作出 A 点在镜中的虚像。

【解】 作图(图 6-38):

(1)过 a_0 作与基线平行的直线,与镜面所在墙面的地脚线交于 N。

(2)过点 N 作铅垂线,与过 A' 所作的基线平行线交于点 M,即为垂足的透视。

(3)延长 $A'M$ 到 A'_0,使 $A'M = A'_0M$,则 A'_0 是 A' 在镜中的虚像。

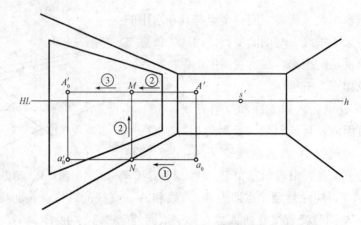

图 6-38 镜面垂直于画面的虚像

当镜面垂直于基面,但与画面倾斜时,空间一点与其虚像的连线与基面平行,灭点在视平线上。

【例题 6-19】 作出 A 点在镜中的虚像。

【解】 作图(图 6-39):

(1)过 a_0 作连线的基透视,它与镜面所在墙面的地脚线交于点 N。

(2)过点 N 作铅垂线,与连线的透视交于点 M,即为垂足的透视。

(3)求出 MN 的中点 O,连接 a_0O 与 $A'M$ 的延长线交于 A'_0,则 A'_0 是 A' 在镜中的虚像。

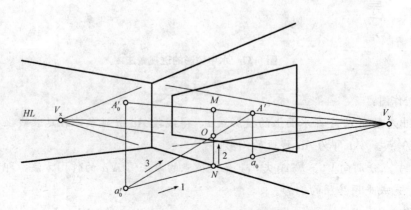

图 6-39 镜面垂直于基面、与画面倾斜的虚像

本章小结

轴测投影图是根据平行投影的原理,把形体连同三个坐标轴一起投射到一个新投影面上所得到的单面投影图。根据投影方向与轴测投影面的相对位置,轴测投影图可分为正轴测投影图和斜轴测投影图两大类。正轴测投影图按形体上直角坐标轴与轴测投影面的倾角不同,又可分为正等轴测投影图、正二等轴测投影图和正三等轴测投影图。斜轴测投影图分为正面斜轴测图和水平斜轴测图等。此外,根据物体与画面相对位置的不同,物体长、宽、高三个主要方向的轮廓线与画面可能平行,也可能相交,透视图根据三组主要方向轮廓线灭点的数量分为一点透视、两点透视和三点透视。

复习思考题

一、填空题

1. 轴测投影是根据平行投影原理形成的,具有的投影特性主要包括:_____、_____和_____。
2. 根据投射方向是否垂直于轴测投影面,轴测投影可分成两类,即_____和_____。
3. 形体三个方向及表面交接较复杂时,宜选用的轴测图为_____。
4. 绘制轴测剖面图的方法包括_____和_____两种。
5. 两点透视又称为_____,直线上无穷远点的透视点称为_____。

二、选择题

1. 投射方向垂直于投影面时所得到的轴测图是( )。
   A. 正等轴测投影 B. 斜二测投影
   C. 斜轴测投影   D. 正面投影
2. 绘制平行于坐标面的圆的正等测图常见的方法有( )。
   A. 坐标法   B. 叠加法
   C. 切割法   D. 特征面法
   E. 四心椭圆法
3. 下列不属于透视图特点的为( )。
   A. 近宽远窄   B. 近低远高
   C. 近大远小
   D. 与画面平行的线,透视图中的仍然相互平行
4. 正二等轴测投影图中,三个轴的轴间角有两个相等,OX、OZ轴的轴向变形系数均为( )。
   A. 0.34   B. 0.47

C. 0.67 　　　　　　　　　　　　D. 0.94

5. 视点到画面的距离称为视距，用符号（　　）表示。

A. *SG* 　　　　　　　　　　　　B. *SJ*

C. *VD* 　　　　　　　　　　　　D. *VH*

三、简答题

1. 轴测投影图是怎样分类的？
2. 简述轴测投影的特点。
3. 轴测图种类的选择应遵循哪些原则？
4. 透视图是怎样形成的？具有哪些特点？
5. 简述透视图的分类。

第七章　房屋建筑施工图

学习目标

通过本章的学习，熟悉建筑施工图的产生过程及组成；掌握建筑总平面图、建筑平面图、建筑立面图的内容及图示特点；掌握建筑施工图的识读步骤。

能力目标

通过本章的学习，能够熟练根据所学方法进行房屋建筑施工图的绘制；能够进行建筑平面图、剖面图、立面图及详图的识读。

第一节　建筑施工图概论

建筑施工图是根据正投影的方法把所设计房屋的大小、外部形状、内部布置和室内外装修及各结构、构造、设备等的做法，按照建筑制图国家标准规定，用建筑专业的习惯画法详尽、准确地表达出来，并注写尺寸和文字说明的一套图样，是指导施工的图样。

一、建筑施工图的产生

建造一幢房屋需要经历设计与施工两个过程，一般房屋设计过程包括初步设计阶段、技术设计阶段和施工图设计阶段。

(一)初步设计阶段

初步设计阶段即根据设计任务书，明确要求、收集资料、踏勘现场、调查研究。
(1)设计前的准备。接受任务，明确要求，收集资料，调查研究。
(2)方案设计。方案设计主要通过平面、立面和剖面等图样，把设计意图表达出来。
(3)绘制初步设计图。设计方案确定后，应用计算机或用绘图仪器按一定比例绘制图样，并交有关部门审批。
①初步设计图的内容包括总平面布置图、建筑平面图、建筑立面图、建筑剖面图。
②初步设计图的表现方法和绘图原理与施工图一样，只是图样的数量和深度有较大的区别。同时，初步设计图图面布置可以灵活些，图样的表现方法可以多样些。

(二)技术设计阶段

初步设计经建设单位同意和主管部门批准后，进一步去解决构件的选型、布置以及建筑、结构、设备等各工种之间的配合等技术问题，从而对方案做进一步的修改。

(三)施工图设计阶段

施工图设计阶段是修改和完善初步设计，在已审定的初步设计方案的基础上，进一步解决实用和技术问题，统一各工种之间的矛盾，在满足施工要求及协调各专业之间关系后最终完成设计，形成完整的、正确的、作为房屋施工依据的一套图样。

二、建筑施工图的图样特点

(1)建筑施工图中的各图样，主要是根据正投影法绘制的。通常，在水平投影面上作平面图，在正投影面上作正、背立面图和在侧投影面上作剖面图或侧立面图。在图幅大小允许情况下，可将平、立、剖面三个图样，按投影关系画在同一张图纸上，以便于阅读。如果图幅过小，平、立、剖面图可分别单独画在几张图纸上。

(2)由于房屋形体较大，而且内部各部分构造较复杂，在小比例的平、立、剖面图中无法表达清楚，所以还需要配以大量较大比例的详图。

(3)由于房屋的构、配件和材料种类较多，为作图简便起见，"国标"规定了一系列的图形符号来代表建筑构配件、卫生设备、建筑材料等，这种图形符号称为图例。为读图方便，"国标"还规定了许多标注符号。所以施工图上会大量出现各种图例和符号。

(4)施工图中的不同内容，是采用不同规格的图线绘制，选取规定的线型和线宽，用以表明内容的主次和增加图面的效果。

三、建筑施工图的组成

一套完整的建筑工程施工图，根据其内容和工种不同，一般由以下几项组成。

(一)施工首页图

施工首页图简称首页图，是放在全套施工图纸的第一页，是整套施工图的概括和补充，它包括全套图纸的目录、编号、技术经济指标、构配件统计表、门窗表及施工总说明等。通过读首页图，可对新拟建的房屋有一个粗略的了解，有时在首页图内还附有透视图。

(二)建筑施工图

建筑施工图简称建施，主要表示建筑物的内部布置情况、外部造型以及装修、构造、施工要求等，主要包括总平面图、平面图、立面图、剖面图和详图。

(三)结构施工图

结构施工图简称结施，主要表示承重结构的布置情况，构件类型、大小以及构造做法等，主要包括结构设计说明、结构布置图和各构件的结构详图。

(四)设备施工图

设备施工图简称设施，包括给水排水施工图、采暖通风施工图和电气照明施工图等。

(1)给水排水施工图：主要表示管道的布置和走向、构件做法和加工安装要求，图纸包括管道布置平面图、管道系统轴测图、详图等。

(2)采暖通风施工图：主要表示管道的布置和构造安装要求，图纸包括平面图、系统图、安装详图等。

(3)电气照明施工图：主要表示电气线路走向及安装要求，图纸包括平面图、系统图、接线原理图以及详图等。

由于专业分工的不同，一套简单的房屋施工图有几十张图样，一套大型复杂的建筑物甚至有几百张图样。为了便于看图，根据专业内容或作用的不同，一般将这些图样进行排序。顺序如下：图样目录、设计总说明、建筑施工图、结构施工图、给水排水施工图、采暖通风施工图、电气照明施工图等。

第二节 建筑施工图的内容

一、建筑总平面图

建筑总平面图是为表明建筑物及其周围总体布局情况，假设在建设区的上空向下投影所得的水平投影图。

(一)建筑总平面图的内容

建筑总平面图中一般表示如下内容：

(1)新建建筑所处的地形。如地形变化较大，应画出相应的等高线。

(2)新建建筑的位置，总平面图中应详细地绘出其定位方式。新建建筑的定位方式有三种：

第一种是利用新建建筑物和原有建筑物之间的距离定位。

第二种是利用施工坐标确定新建建筑物的位置。

第三种是利用新建建筑物与周围道路之间的距离确定新建建筑物的位置。

(3)相邻有关建筑、拆除建筑的位置或范围。

(4)附近的地形、地物等，如道路、河流、水沟、池塘、土坡等。应注明道路的起点、变坡、转折点、终点以及道路中心线的标高、坡向的箭头。

(二)建筑总平面图的图示特点

(1)比例。由于表示的建筑场地范围较大，总平面图通常采用较小的比例画出，如1∶500、1∶1 000、1∶2 000等。

(2)图线。新建建筑物外形用粗实线表示，原有建筑物外形用细实线表示；拆除建筑物外形用带叉号的细实线表示，拟建建筑物外形用虚线表示。

(3)图例。建筑总平面通常用较小的比例绘出，因此图中有较多的图例，见表7-1。

表7-1 常用的建筑总平面图图例

名　　称	图　　例	附　　注
新建建筑物		1. 需要时，可用▲表示入口，在图形内右上角用点数或数字表示层数。 2. 建筑物外形(一般以±0.00高度处的外墙定位轴线或外墙面线为准)用粗实线表示。需要时，地面以上建筑物用粗实线表示，地面以下建筑物用细实线表示

续表

名　称	图　例	附　注
原有建筑物	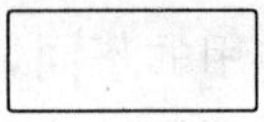	用细实线表示
计划扩建的预留地或建筑物		用中粗虚线表示
拆除的建筑物	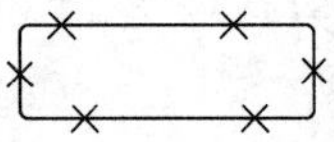	用细实线表示
围墙及大门	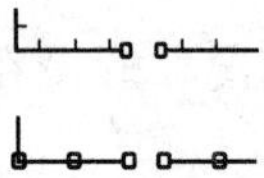	上图为实体性质的围墙，下图为通透性质的围墙，若只表示围墙时不画大门
室内标高	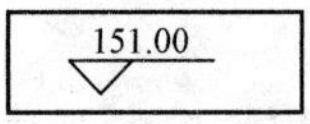 151.00	—
室外标高	 143.00	室外标高也可以采用等高线表示

(4)尺寸。建筑总图中的尺寸标注一般以米为单位。新建房屋的室内外应标注绝对标高，标高用标高符号加数字表示，标高符号用细实线绘制。

二、建筑平面图

用一个假想的水平剖切平面沿略高于窗台的位置剖切房间，移去上面部分，将剩余部分向水平面作正投影，所得的图样为建筑平面图，简称平面图。

建筑平面图反映新建建筑的平面形状、房间的位置、大小、相互关系，墙体的位置、厚度、材料，柱的截面形状与尺寸大小，门窗位置及类型等情况。它是施工时放线、砌墙、安装门窗、室内外装修及编制工程预算的重要依据，是建筑施工中的重要图样。

(一)建筑平面图的内容

(1)定位轴线。横向和纵向定位轴线的位置及编号、轴线之间的间距。定位轴线用细单点画线表示。

(2)墙体、柱。表示出各承重构件的位置。剖到的墙、柱断面轮廓用粗实线，并画图例，如钢筋混凝土用涂黑表示；未剖到的墙用中实线。

(3)内外门窗。建筑平面图中，常见的门窗代号见表7-2。

表 7-2　建筑平面图内外门窗代号

门代号		窗代号	
门	M	窗	C
木门	MM	木窗	MC
钢门	GM	钢窗	GC
塑钢门	SGM	铝合金窗	LC
铝合金门	LM	木百叶窗	MBC
卷帘门	JM	—	—
防盗门	FDM	—	—
防火门	FM	—	—

在门窗的代号后面写上编号,如 M1、M2 和 C1、C2 等,同一编号表示同一类型的门窗,它们的构造与尺寸都一样,从图中可表示门窗洞的位置及尺寸。剖到的门扇用中实线(单线)或用细实线(双线);剖到的窗扇用细实线(双线)。

(4)标注的三道尺寸。第一道为总体尺寸,表示房屋的总长、总宽;第二道为轴线尺寸,表示定位轴线之间的距离;第三道为细部尺寸,表示外部门窗洞口的宽度和定位尺寸。

(5)标高。建筑平面图常以一层主要房间的室内地坪为零点(标记为±0.000),分别标注出各房间楼地面的标高。

(6)其他设备位置及尺寸。

①表示楼梯位置及楼梯上下方向、踏步数及主要尺寸;

②表示阳台、雨篷、窗台、通风道、烟道、管道井、雨水管、坡道、散水、排水沟、花池等位置及尺寸。

(7)画出相关符号。

①剖面图的剖切符号位置及指北针;

②标注详图的索引符号。

(8)注写图名和比例。

(二)建筑平面图的图示特点

(1)被剖切平面剖切到的墙、柱等轮廓线用粗实线表示。

(2)未被剖切平面剖切到的部分(包括室外台阶、散水、楼梯)及尺寸线等用细实线表示。

(3)门的开启线用中粗实线表示。

(4)建筑平面图常用的比例是 1∶50、1∶100 或 1∶200,其中 1∶100 使用得最多。

三、建筑立面图

以平行房屋外墙面为投影面,根据正投影原理绘制出的房屋投影图,称为建筑立面图,简称立面图。某些平面形状曲折的建筑物，可绘制展开立面图，并应在图名后加注"展开"二字。

建筑立面图主要反映房屋的体形和外貌、门窗的形式和位置、墙面的材料和装修做法等，是施工的重要依据。

(一)建筑立面图的内容

(1)地坪线。建筑物与地面的接触面，室外地坪线用特粗实线绘制。

(2)定位轴线。建筑物两端或分段的定位轴线及编号。

(3)最外轮廓线。表示建筑物立面最高和最宽的轮廓线，房屋立面的最外轮廓线用粗实线绘制。

(4)其他轮廓线。在外轮廓线之内的凹进或凸出墙面的轮廓线，用中实线绘制；窗台、门窗洞、檐口、阳台、雨篷、柱、台阶等构配件的轮廓线和门窗扇、栏杆、雨水管和墙面分格线等均用细实线绘制；构配件可简化只画出轮廓线，用图例表示。

(5)尺寸。外墙的门窗洞应标注尺寸与标高。

(6)外墙面装修以及一些构配件与设施等的装修做法，在立面图中常用引出线作文字说明。

(7)各部分构造、装饰节点详图的索引符号。

(8)图名、比例。

(二)建筑立面图的图示特点

(1)立面图上应将立面上所有看得见的细部都表示出来。

(2)立面图的比例与平面图比例相同，常用1∶100的小比例。

(3)由于立面图采用小比例绘制，像门窗扇、檐口构造、阳台栏杆和墙面复杂的装修等细部，往往难以详细表示出来，只用图例表示。它们的构造和做法，都另有详图或文字说明。因此，习惯上往往对这些细部只分别画出一两个作为代表，其他都可简化，只需画出它们的轮廓线。

四、建筑剖面图

假想用一个或多个垂直于外墙轴线的铅垂剖切平面将房屋剖开，所得的正投影图称为建筑剖面图，简称剖面图。

剖面图主要用来表示房屋内部垂直方向的高度、楼层分层情况及简要的结构形式和构造方式。它与建筑平面图、立面图相配合，是建筑施工中不可缺少的重要图样之一。

建筑剖面图的内容包括：

(1)剖面图一般表示房屋高度方向的结构形式。

(2)标高和尺寸标注。标注出各部位(包括室外地面标高、室内一层地面及各层楼面标高、楼梯平台、各层的窗台、窗顶、屋面、屋面以上的阁楼、烟囱及水箱间等)标高。标注高度方向的尺寸，主要包括外墙在高度方向上门、窗的定型、定位尺寸及室内门、窗、墙裙等高度尺寸。

(3)多层构造说明。如果需要直接在剖面图上表示地面、楼面、屋面等的构造做法,一般可以用多层构造共用引出线表示。

(4)索引符号与文字说明。各节点构造的具体作法,应以较大比例绘制成详图,并用索引符号表明详图的编号和所在图纸号,及必要的文字说明。

五、建筑详图

由于画平面、立面、剖面图时所用的比例较小,房屋上许多细部的构造无法表示清楚,为了满足施工的需要,必须分别将这些部位的形状、尺寸、材料、做法等用较大的比例详细画出图样,这种图样称为建筑详图,简称详图,有时也称为大样图。

详图的特点是比例大,反映的内容详尽。所以详图是建筑细部的施工图,是对建筑平面、立面、剖面图等基本图样的深化和补充,是建筑工程细部施工、建筑构配件制作及编制预算的依据。

第三节 建筑施工图的绘制

绘制建筑施工图的目的是把房屋的内容及设计意图正确、清晰、明了地表达出来。同时,通过施工图的绘制,还能进一步认识房屋的构造,提高识读建筑施工图的能力。

一、绘制建筑施工图的步骤与方法

(一)绘制建筑施工图的步骤

(1)绘图准备。绘制建筑施工图之前,应将绘图工具和图纸准备好,绘图工具主要包括图板、圆规、分规、建筑模板、丁字尺和三角板等。

(2)熟悉房屋概况,确定图样比例和数量。根据房屋的外形、层数、每层的平面布置和内部构造的复杂程度,确定图样的比例和数量,做到表达内容既不重复也不遗漏。图样的数量在满足施工要求的前提下以少为好。另外,对于房屋的细部构造,如墙身剖面、门、窗、楼梯等,凡能选用标准图集的可不必另外绘制详图。

(3)合理布置图面。当平面、立面、剖面图画在同一张图纸内时,应使图样保持对应关系,即平面图与正立面图长对正,平面图与侧立面图宽相等,立面图和剖面图应高平齐。当详图与被索引图样画在同一张图纸内时,应使详图尽量靠近被索引位置,以便于读图;如不画在同一张图纸上时,它们相互间对应的尺寸,均应相同。

此外,各图形安排要匀称,图形之间要留有足够的位置注写尺寸、文字及图名。总之,要根据房屋的不同复杂程度来进行合理的安排和布置,使得每张图纸上主次分明、排列均匀紧凑、表达清晰、布置整齐。

(4)打底稿。为了图纸的准确与整洁,任何图纸都应该先用H铅笔或2H铅笔画出轻淡的底稿线。画底稿的顺序是:平面图—剖面图—立面图—详图。

(5)检查加深。把底稿全部内容互相对照、反复检查,做到图形、尺寸准确无误后方可加深，正式出图。加深可选用绘图墨线笔、B 铅笔或者 2B 铅笔，并按国标规定的线型加深图线。

(6) 标注。注写尺寸、图名、比例和各种符号(剖切符号、索引符号、标高符号等)。

(7) 填写标题栏。

(8) 整理图面。清洁图面，擦去不必要的图线和脏痕。

(二) 绘制建筑施工图的方法

绘制施工图时，要认真、细致，做到投影正确、表达清楚、尺寸齐全、字体工整、图样布置紧凑、图面整洁清晰、符合制图规定。

(1) 相同方向、相同线型尽可能一次画完，以免三角板、丁字尺来回移动。上墨或描图时，粗细相同的线型一次画完，以确保线型一致，并减少换笔次数。

(2) 相等的尺寸尽可能一次量出。

(3) 同一方向的尺寸一次量出。

(4) 铅笔加深或描图上墨时，一般顺序是先画上部，后画下部；先画左边，后画右边；先画水平线，后画垂直线或倾斜线；先画曲线，后画直线。

绘图方式没有固定的模式，只要把以上几点有机地结合起来，就会获得满意的效果。

二、建筑平面图的绘制

(一) 确定建筑平面图的绘制比例和图幅

建筑平面图的绘制比例和图幅，应根据建筑的长度、宽度和复杂程度以及要进行尺寸标注所占用的位置和必要的文字说明的位置确定。

(二) 画底图

画底图的目的是为了确定图在图纸上的具体形状和位置，应采用较硬的 2H 铅笔或 3H 铅笔。画底图时主要绘制下列内容：

(1) 画图框线和标题栏的外边线。

(2) 布置图面，画定位轴线，墙、柱轮廓线。

(3) 在墙体上确定门窗洞口的位置。

(4) 画细部，如楼梯、台阶、卫生间、散水、明沟、花池等。

(三) 加深图线

仔细检查底图，无误后，按建筑平面图的线型要求进行加深，墙身线一般为 0.5 mm 或 0.7 mm，门窗图例、楼梯分格等细部为 0.25 mm，并标注轴线、尺寸、门窗编号、剖切符号等。

(四) 标注及说明

画剖切位置线、尺寸线、标高符号、门的开启线并标注定位轴线、尺寸、门窗编号，注写图名、比例及其他文字说明。

按照上述步骤绘制的某工程建筑施工平面图如图 7-1 所示。

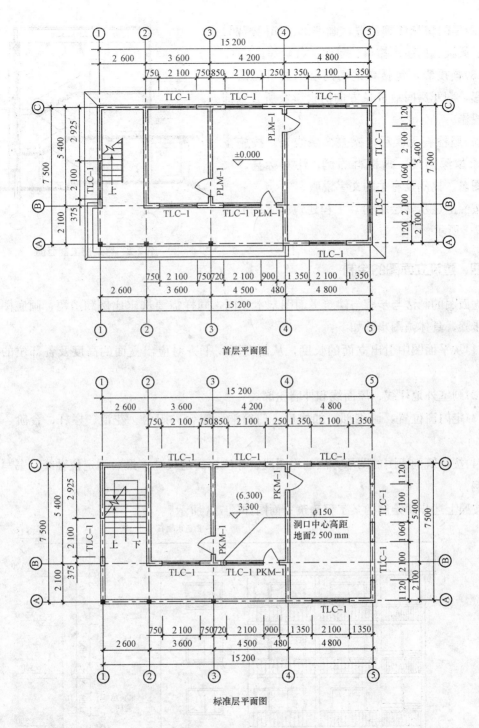

图 7-1 建筑施工平面图

三、建筑剖面图的绘制

画剖面图时应根据底层平面图上的剖切位置确定剖面图的图示内容，做到心中有数。比例、图幅的选择与建筑平面图、立面图相同，剖面图的具体画法、步骤如下：

(1)定位轴线、室内外地坪线、各层楼面线和屋面线，并画墙身。

(2)定门窗和楼梯位置，画细部，如门窗洞、楼梯、梁板、雨篷、檐口、屋面、台阶等。

(3)画投影，包括在剖切的墙上画可见的门窗投影，剖开房间后可见方向的投影及所看到部分的投影。

(4)经检查无误后，擦去多余线条，按施工图要求加深图线。画材料图例，注写标高、尺寸、图名、比例及有关的文字说明。

按照上述步骤绘制的某工程建筑施工剖面图如图7-2所示。

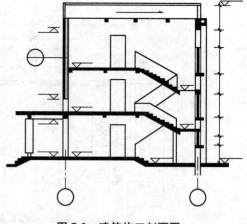

图 7-2　建筑施工剖面图

四、建筑立面图的绘制

立面图的画法与步骤与建筑平面图基本相同，同样需要选定比例和图幅，画底图和加深等步骤，具体画图步骤如下：

(1)从平面图中引出立面的长度，从剖面图高平齐对应出立面的高度及各部位的相应位置。

(2)画室外地坪线、屋面线和外墙轮廓线。

(3)定门窗位置，画细部，如檐口、门窗洞、窗台、阳台、花池、栏杆、台阶、雨水管等。

(4)按建筑剖面图的图示方法加深图线、标注标高与尺寸，最后画定位轴线、书写图名和比例。

按照上述步骤绘制的某工程建筑立面图如图7-3所示。

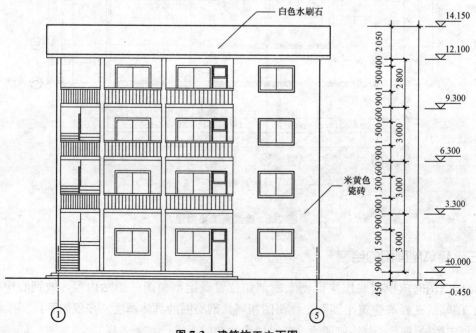

图 7-3　建筑施工立面图

五、楼梯详图的绘制

(一)楼梯平面图的绘制

在绘制楼梯平面图过程中,踏步分格的画法不易掌握。通常,踏步的分格可用等分两平行线间距的方法画出,所画的每一分格,表示梯段一级踏面的投影。楼梯顶层平面图的画法及步骤如下:

(1)画楼梯间的定位轴线,确定楼梯段的长度、宽度及平台的宽度。注意楼梯段上踏面的数量为踏步数量减1。

(2)画楼梯间的墙身,等分梯段。

(3)检查后,按要求加深图线,进行尺寸标注,完成楼梯平面图。

(二)楼梯剖面图的绘制

楼梯剖面图的绘制可按下列步骤进行:

(1)画轴线,定地面、各层楼面和平台面的高度线(即控制线)。

(2)定出楼面、梯段、平台的宽度,确定起步线、平台线的位置。

(3)等分楼梯段,等分时将第一个踏步画出,连接第一个踏步与相邻平台端部成斜线,等分斜线,过斜线的等分点分别作竖线和水平线,形成踏步。

第四节　建筑施工图的识读

一、建筑施工图识读基础

(一)准备工作

(1)掌握投影原理和形体的各种表达方法。建筑施工图是根据投影原理绘制的,用图样表明房屋建筑的设计及构造做法。所以掌握投影原理,特别是正投影原理和形体的各种表达方法是识读施工图的前提。

(2)熟悉和掌握建筑制图国家标准的基本规定和查阅标准图方法。施工图采用了一些图例符号以及必要的文字说明,共同把设计内容表现在图样上。要看懂施工图,必须熟悉施工中常用的图例、符号、线型、尺寸和比例的意义。在施工图中有些构配件和构造做法,经常直接采用标准图集,因此要懂得标准图的查阅方法。

(3)基本掌握和了解房屋构造组成。想快速识读建筑施工图,要善于观察和了解房屋的组成和构造上的一些基本情况,掌握足够的构造知识及其他有关的专业知识,阅读有关的专业书籍。

(二)识读要点

一套房屋建筑施工图,简单的有几张,复杂的有几十张,甚至几百张。阅读房屋建筑施工图应符合下列要求:

第一,对于全套图纸来讲,先看说明书、首页图,后看建施、结施和设施。

第二,对于每一张图纸来讲,先看图标、文字,后看图样。

第三,对于建施、结施、设施来讲,先看建施,后看结施、设施。

第四,对于建施来讲,先看平、立、剖面图,后看详图。

第五,对于结构图来讲,先看基础施工图、结构布置平面图,后看构件详图。

当然,上述步骤不是孤立的,阅读时应将其相互联系、反复阅读才能将建筑施工图识读完全。

(三)施工图中常用符号的识读

1. 定位轴线

在施工图中,通常用定位轴线表示房屋承重构件(包括梁、板、柱、基础、屋架等)的位置。

(1)定位轴线应用细点画线绘制。

(2)定位轴线一般应编号,编号应注写在轴线端部的圆内。圆应用细实线绘制,直径为8~10 mm。定位轴线圆的圆心,应在定位轴线的延长线上或延长线的折线上。

(3)平面图上定位轴线的编号,宜标注在图样的下方与左侧。横向编号应用阿拉伯数字,按从左至右顺序编写,竖向编号应用大写拉丁字母,按从下至上顺序编写(图7-4)。

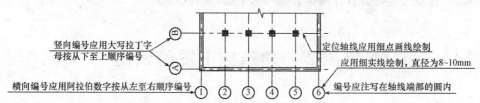

图 7-4 定位轴线的编号顺序

(4)拉丁字母的I、O、Z不得用做轴线编号。如字母数量不够使用,可增用双字母或单字母加数字注脚,如A_A、B_A…Y_A 或 A_1、B_1…Y_1。

(5)组合较复杂的平面图中定位轴线也可采用分区编号(图7-5),编号的注写形式应为"分区号—该分区编号"。分区号采用阿拉伯数字或大写拉丁字母表示。

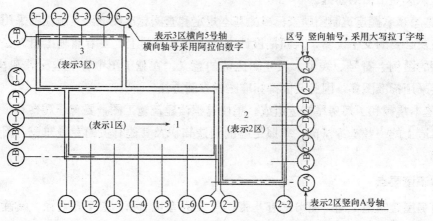

图 7-5 定位轴线的分区编号

2. 索引符号与详图符号

(1)索引符号。图样中的某一局部或构件,如需另见详图,应以索引符号索引[图 7-6(a)]。索引符号由直径为 8～10 mm 的圆和水平直径组成,圆及水平直径应以细实线绘制。索引符号应按下列规定编写:

①索引出的详图,如与被索引的详图同在一张图纸内,应在索引符号的上半圆中用阿拉伯数字注明该详图的编号,并在下半圆中间画一段水平细实线[图 7-6(b)];

②索引出的详图,如与被索引的详图不在同一张图纸内,应在索引符号的上半圆中用阿拉伯数字注明该详图的编号,在索引符号的下半圆用阿拉伯数字注明该详图所在图纸的编号[图 7-6(c)]。数字较多时,可加文字标注;

③索引出的详图,如采用标准图,应在索引符号水平直径的延长线上加注该标准图集的编号[图 7-6(d)]。需要标注比例时,文字在索引符号右侧或延长线下方,与符号下对齐。

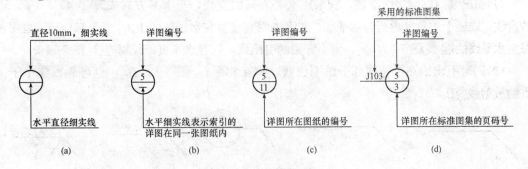

图 7-6 索引符号

当索引符号用于索引剖视详图时,应在被剖切的部位绘制剖切位置线,并以引出线引出索引符号,引出线所在的一侧应为剖视方向。索引符号的编写如图 7-7 的规定。

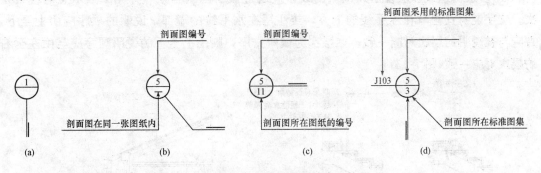

图 7-7 用于索引剖面详图的索引符号

零件、钢筋、杆件、设备等的编号宜以直径为 5～6 mm 的细实线圆表示,同一图样应保持一致,其编号应用阿拉伯数字按顺序编写(图 7-8)。消火栓、配电箱、管井等的索引符号,直径宜为 4～6 mm。

图 7-8 零件、钢筋等的编号

(2)详图符号。详图的位置和编号应以详图符号表示。详图符号的圆应以直径为 14 mm 粗实线绘制。详图编号应符合下列规定:

①详图与被索引的图样同在一张图纸内时,应在详图符号内用阿拉伯数字注明详图的

编号(图7-9);

②详图与被索引的图样不在同一张图纸内时,应用细实线在详图符号内画一水平直径,在上半圆中注明详图编号,在下半圆中注明被索引的图纸的编号(图7-10);

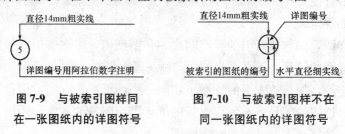

图7-9　与被索引图样同在一张图纸内的详图符号

图7-10　与被索引图样不在同一张图纸内的详图符号

3. 引出线

(1)引出线应以细实线绘制,宜采用水平方向的直线,与水平方向成30°、45°、60°、90°的直线,或经上述角度再折为水平线。文字说明宜注写在水平线的上方[图7-11(a)],也可注写在水平线的端部[图7-11(b)]。索引详图的引出线,应与水平直径线相连接[图7-11(c)]。

(2)同时引出的几个相同部分的引出线,宜互相平行[图7-12(a)],也可画成集中于一点的放射线[图7-12(b)]。

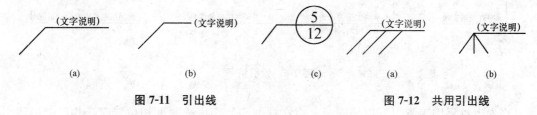

图7-11　引出线

图7-12　共用引出线

(3)多层构造或多层管道共用引出线,应通过被引出的各层,并用圆点示意对应各层次。文字说明宜注写在水平线的上方,或注写在水平线的端部,说明的顺序应由上至下,并应与被说明的层次对应一致;如层次为横向排序,则由上至下的说明顺序应与由左至右的层次对应一致(图7-13)。

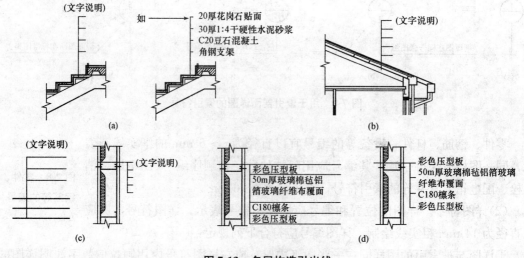

图7-13　多层构造引出线

4. 其他符号

(1)对称符号。对称符号由对称线和两端的两对平行线组成。对称线用细单点长画线绘制;平行线用细实线绘制,其长度宜为6~10 mm,每对的间距宜为2~3 mm;对称线垂直平分于两对平行线,两端超出平行线宜为2~3 mm(图7-14)。

(2)连接符号。连接符号应以折断线表示需连接的部位。两部位相距过远时,折断线两端靠图样一侧应标注大写拉丁字母表示连接编号。两个被连接的图样应用相同的字母编号(图7-15)。

(3)指北针。指北针的形状应符合图7-16的规定,其圆的直径宜为24 mm,用细实线绘制;指针尾部的宽度宜为3 mm,指针头部应注"北"或"N"字。需用较大直径绘制指北针时,指针尾部的宽度宜为直径的1/8。

(4)对图纸中局部变更部分宜采用云线,并宜注明修改版次(图7-17)。

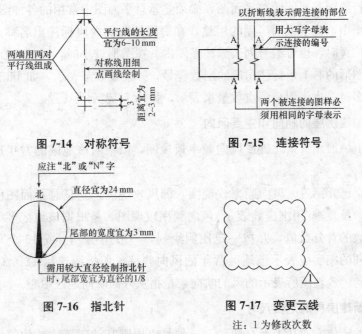

图 7-14　对称符号　　　图 7-15　连接符号

图 7-16　指北针　　　图 7-17　变更云线

注:1 为修改次数

(四)图纸目录与设计说明的识读

1. 图纸目录

除图纸的封面外,图纸目录安排在一套图纸的最前面,用来说明本工程的图纸类别、图号编排、图纸名称和备注等,以方便图纸的查阅和排序。

2. 设计说明

设计说明位于图纸目录之后,是对房屋建筑工程中不易用图样表达的内容而采用文字加以说明,主要包括工程的设计概况、工程做法中所采用的标准图集代号,以及在施工图中不宜用图样而必须采用文字加以表达的内容,如材料的内容、饰面的颜色、环保要求、施工注意事项、采用新材料和新工艺的情况说明等。

此外,在建筑施工图中,还应包括防火专篇等一些有关部门要求明确说明的内容。设计说明一般放在一套施工图的首页。

二、建筑总平面图识读

(一)查看图名、比例、图例及有关文字说明

建筑总平面图的识读,应首先查看总平面图的图名、比例、图例及有关文字说明。由于总平面图包括的区域较大,所以绘制时都用较小比例,常用的比例有 1∶500、1∶1 000、1∶2 000等。总图中的标高、距离、坐标等尺寸的标注宜以米(m)为单位,并应至少取至小数点后两位,不足时以"0"补齐。

(二)了解工程性质、用地范围、地形地貌和周围环境情况

了解新建工程的性质和总体布局,如各种建筑物及构筑物的位置、道路和绿化的布置等。由于总平面图的比例较小,各种有关物体均不能按照投影关系如实反映出来,只能用图例的形式进行绘制。要读懂总平面图,必须熟悉总平面图中常用的各种图例。

在总平面图中,为了说明房屋的用途,在房屋的图例内应标注出名称。当图样比例小或图面无足够位置时,也可编号列表编注在图内。在图形过小时,可标注在图形外侧附近。同时,还要在图形的右上角标注出房屋的层数符号,一般以数字表示。如 14 表示该房屋为 14 层。当层数不多时,也可用小圆点数量来表示,如"∷"表示为 4 层。

(三)了解拟建房屋的朝向和主要风向

总平面图上一般画有指北针或风向频率玫瑰图,以指明该地区的常年风向频率和建筑物的朝向。

指北针前文已介绍过。风向频率玫瑰图,即风玫瑰图,它是总平面图所在城市的全年(用粗实线表示)及夏季(用细虚线表示)风向频率玫瑰图,是根据该地区多年平均统计的各个方向吹风次数的百分数值,并按一定比例绘制,一般用 12 个(或 16 个)罗盘方位表示。图中以长短不同的细实线表示该地区常年的风向频率。用折线连接 12 个(或 16 个)端点,有箭头的为北向。玫瑰图所表示的风的吹向,是指从外面吹向地区中心。

(四)了解新建房屋的定位尺寸

新建房屋的定位方式基本上有两种:一种是以周围其他建筑物或构筑物为参照物。实际绘图时,标明新建房屋与其相邻的原有建筑物或道路中心线的相对位置尺寸。另一种是以坐标表示新建筑物或构筑物的位置。

当新建建筑区域所在地形较为复杂时,为了保证施工放线的准确,常用坐标定位。坐标定位分为测量坐标和施工坐标两种。

1. 测量坐标

在地形图上用细实线画成交叉十字线的坐标网,南北方向的轴线为 X,东西方向的轴线为 Y,这样的坐标为测量坐标。坐标网常采用 100 m×100 m 或 50 m×50 m 的方格网。一般建筑物的定位宜注写其三个角的坐标,如建筑物与坐标轴平行,可注写其对角坐标,如图 7-18 所示。

2. 建筑坐标

建筑坐标就是将建设地区的某一点定为"0",采用 100 m×100 m 或 50 m×50 m 的方格

网，沿建筑物主轴方向用细实线画成方格网通线，垂直方向为 A 轴，水平方向为 B 轴，适用于房屋朝向与测量坐标方向不一致的情况，其标注形式如图 7-19 所示。

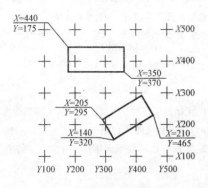

图 7-18　测量坐标定位示意图

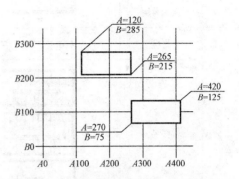

图 7-19　建筑坐标定位示意图

（五）了解地形高低

了解新建建筑附近的室外地面标高，明确室内外高差。总平面图中的标高均为绝对标高，如标注相对标高，则应注明相对标高与绝对标高的换算关系。建筑物室内地坪，标准建筑图中 ± 0.000 处的标高，对不同高度的地坪分别标注其标高，如图 7-20 所示。

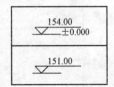

图 7-20　标高注写法

三、建筑平面图识读

一般房屋平面图有多个，房屋有几层就有几个平面图，并在图的下方注写相应的图名，如底层（或一层）平面图、二层平面图等。但有些建筑中间各层的构造、布置情况都一样时，可用同一个平面图表示，称为中间层（标准层）平面图。因此，多层建筑的平面图一般由底层平面图、标准层平面图、顶层平面图组成。此外，还有屋顶平面图。

建筑平面图是用图例符号表示的，因此应熟悉常用的图例符号。表 7-3 为常见构造及配件图例。

表 7-3　常见构造及配件图例

序号	名称	图　例	备　注
1	墙体		1. 上图为外墙，下图为内墙； 2. 外墙粗线表示有保温层或有幕墙； 3. 应加注文字或涂色或图案填充表示各种材料的墙体； 4. 在各层平面图中防火墙宜着重以特殊图案填充表示
2	隔断		1. 加注文字或涂色或图案填充表示各种材料的轻质隔断； 2. 适用于到顶与不到顶隔断

续一

序号	名称	图例	备注
3	玻璃幕墙		幕墙龙骨是否表示由项目设计决定
4	栏杆		—
5	楼梯	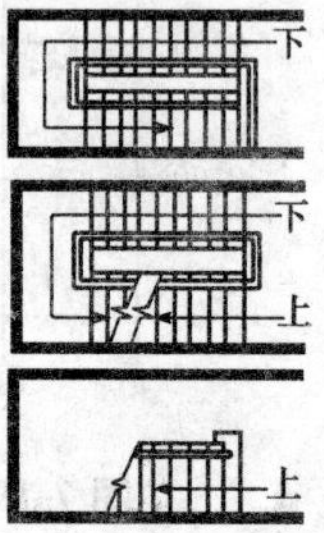	1. 上图为顶层楼梯平面，中图为中间层楼梯平面，下图为底层楼梯平面； 2. 需设置靠墙扶手或中间扶手时，应在图中表示
6	坡道		长坡道 上图为两侧垂直的门口坡道，中图为有挡墙的门口坡道，下图为两侧找坡的门口坡道
7	台阶	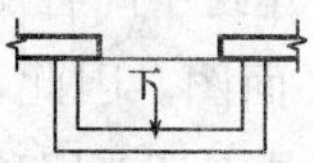	—
8	平面高差	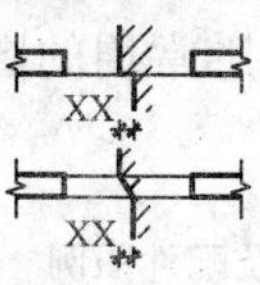	用于高差小的地面或楼面交接处，并应与门的开启方向协调
9	检查口		左图为可见检查口，右图为不可见检查口
10	孔洞		阴影部分亦可填充灰度或涂色代替
11	坑槽		—
12	墙预留洞、槽	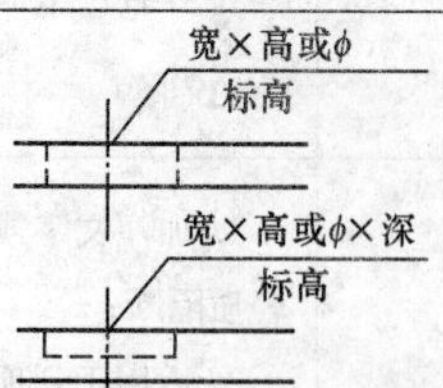	1. 上图为预留洞，下图为预留槽； 2. 平面以洞（槽）中心定位； 3. 标高以洞（槽）底或中心定位； 4. 宜以涂色区别墙体和预留洞（槽）

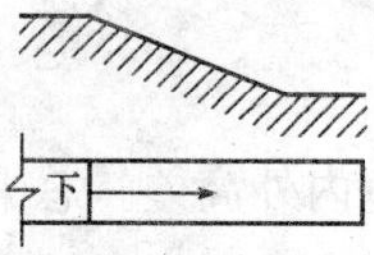

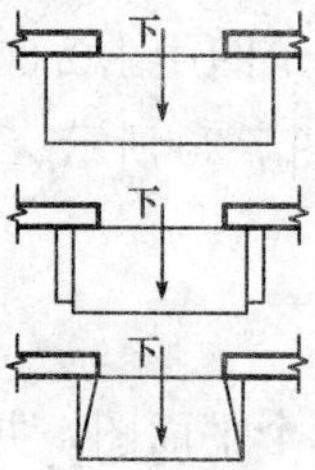

续二

序号	名称	图例	备注
13	地沟	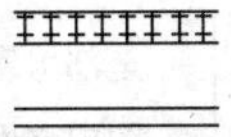	上图为有盖板地沟，下图为无盖板明沟
14	烟道	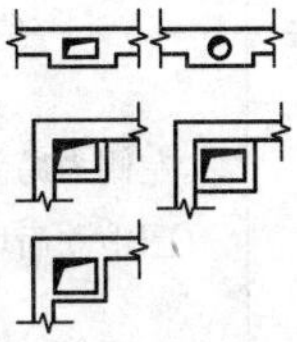	1. 阴影部分亦可填充灰度或涂色代替； 2. 烟道、风道与墙体为相同材料，其相接处墙身线应连通； 3. 烟道、风道根据需要增加不同材料的内衬
15	风道	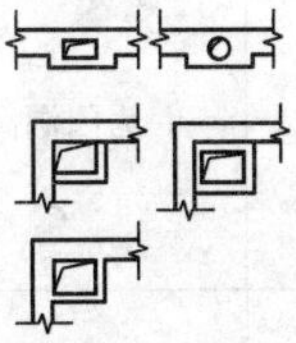	
16	新建的墙和窗	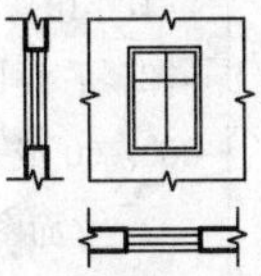	—
17	改建时保留的墙和窗	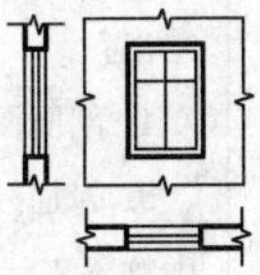	只更换窗，应加粗窗的轮廓线
18	拆除的墙	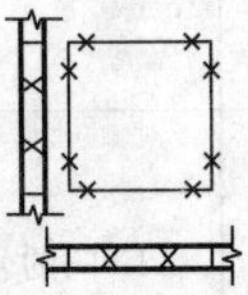	—
19	改建时在原有墙或楼板新开的洞	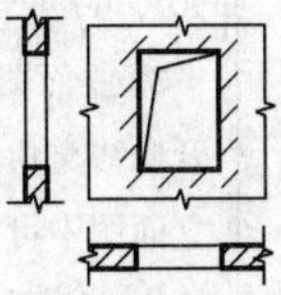	—
20	在原有墙或楼板洞旁扩大的洞	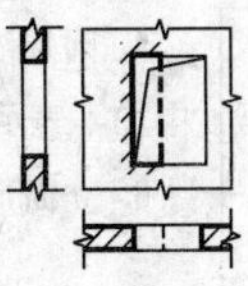	图示为洞口向左边扩大

续三

序号	名称	图例	备注
21	在原有墙或楼板上全部填塞的洞	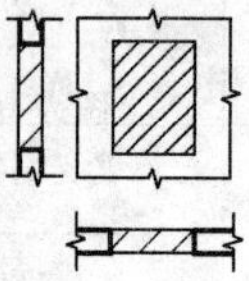	全部填塞的洞； 图中立面填充灰度或涂色
22	在原有墙或楼板上局部填塞的洞	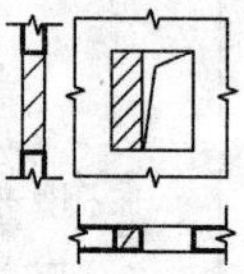	左侧为局部填塞的洞； 图中立面填充灰度或涂色
23	空门洞	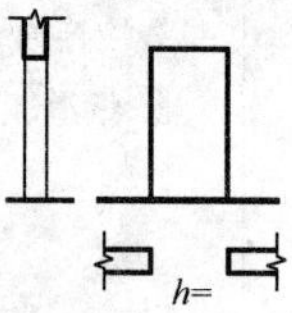 $h=$	h 为门洞高度
24	单面开启单扇门（包括平开或单面弹簧）	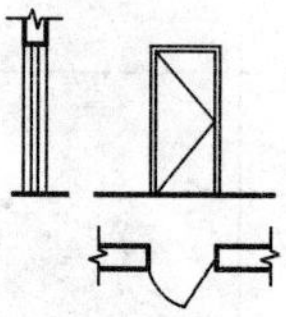	1. 门的名称代号用 M 表示； 2. 平面图中，下为外，上为内。门开启线为 90°、60°或 45°，开启弧线宜绘出； 3. 立面图中，开启线实线为外开，虚线为内开，开启线交角的一侧为安装合页一侧。开启线在建筑立面图中可不表示，在立面大样图中可根据需要绘出； 4. 剖面图中，左为外，右为内； 5. 附加纱扇应以文字说明，在平、立、剖面图中均不表示； 6. 立面形式应按实际情况绘制
	双面开启单扇门（包括双面平开或双面弹簧）	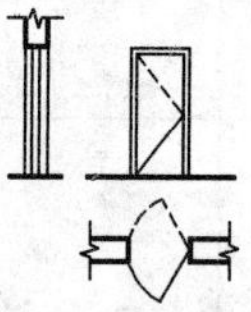	
	双层单扇平开门	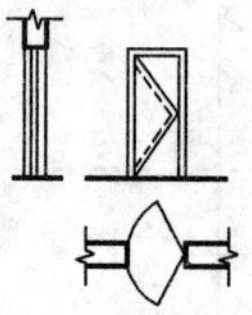	
25	单面开启双扇门（包括平开或单面弹簧）	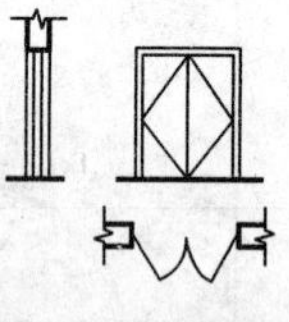	1. 门的名称代号用 M 表示； 2. 平面图中，下为外，上为内。门开启线为 90°、60°或 45°，开启弧线宜绘出； 3. 立面图中，开启线实线为外开，虚线为内开。开启线交角的一侧为安装合页一侧。开启线在建筑立面图中可不表示，在立面大样图中可根据需要绘出； 4. 剖面图中，左为外，右为内； 5. 附加纱扇应以文字说明，在平、立、剖面图中均不表示； 6. 立面形式应按实际情况绘制
	双面开启双扇门（包括双面平开或双面弹簧）	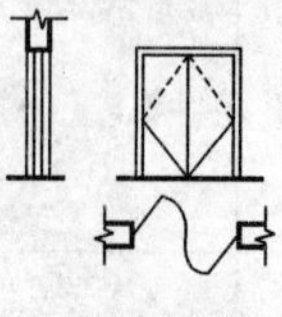	
	双层双扇平开门	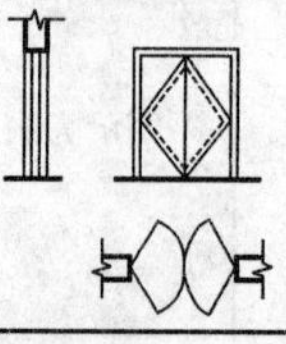	

续四

序号	名称	图例	备注
26	折叠门	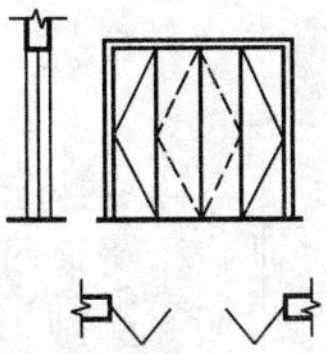	1. 门的名称代号用 M 表示； 2. 平面图中，下为外，上为内； 3. 立面图中，开启线实线为外开，虚线为内开，开启线交角的一侧为安装合页一侧； 4. 剖面图中，左为外，右为内； 5. 立面形式应按实际情况绘制
	推拉折叠门	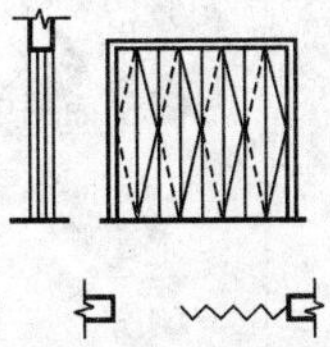	
27	墙洞外单扇推拉门	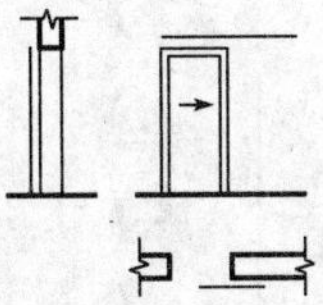	1. 门的名称代号用 M 表示； 2. 平面图中，下为外，上为内； 3. 剖面图中，左为外，右为内； 4. 立面形式应按实际情况绘制
	墙洞外双扇推拉门	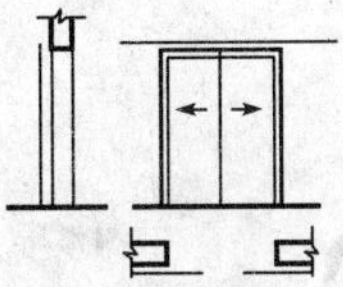	
	墙中单扇推拉门	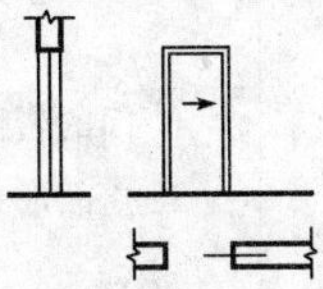	1. 门的名称代号用 M 表示； 2. 立面形式应按实际情况绘制
	墙中双扇推拉门	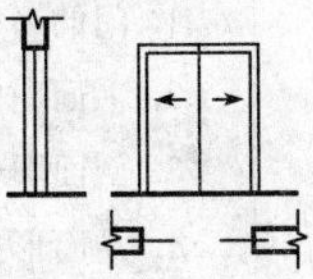	

续五

序号	名称	图例	备注
28	推杠门	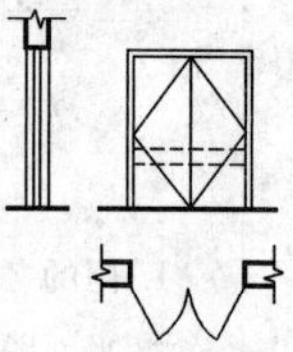	1. 门的名称代号用 M 表示； 2. 平面图中，下为外，上为内。门开启线为 90°、60°或 45°； 3. 立面图中，开启线实线为外开，虚线为内开，开启线交角的一侧为安装合页一侧。开启线在建筑立面图中可不表示，在室内设计门窗立面大样图中需绘出； 4. 剖面图中，左为外，右为内； 5. 立面形式应按实际情况绘制
29	门连窗	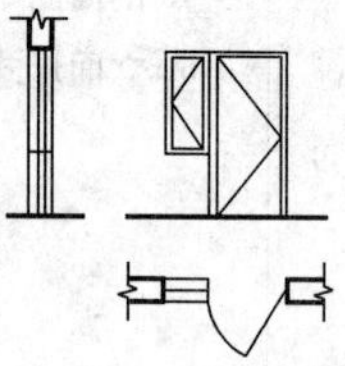	
30	旋转门	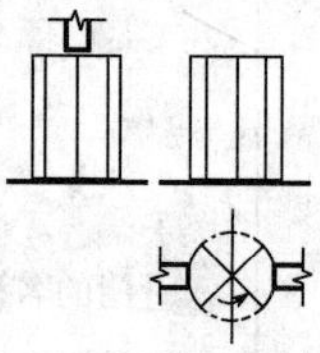	1. 门的名称代号用 M 表示； 2. 立面形式应按实际情况绘制
	两翼智能旋转门	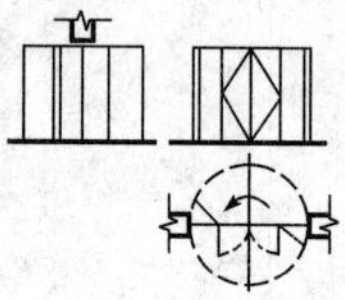	
31	自动门	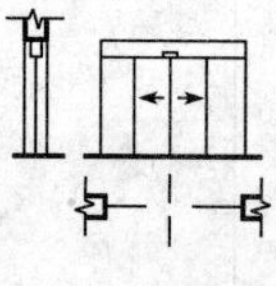	1. 门的名称代号用 M 表示； 2. 立面形式应按实际情况绘制
32	折叠上翻门	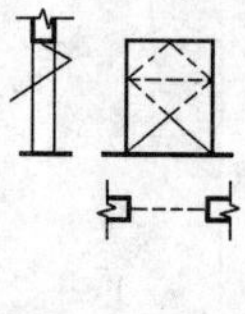	1. 门的名称代号用 M 表示； 2. 平面图中，下为外，上为内； 3. 剖面图中，左为外，右为内； 4. 立面形式应按实际情况绘制

续六

序号	名称	图　　例	备　　注
33	提升门	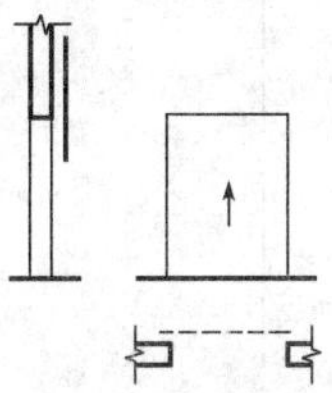	1. 门的名称代号用 M 表示； 2. 立面形式应按实际情况绘制
34	分节提升门		
35	人防单扇防护密闭门	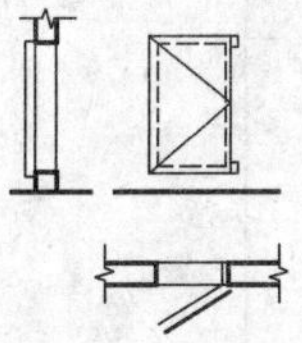	1. 门的名称代号按人防要求表示； 2. 立面形式应按实际情况绘制
	人防单扇密闭门		
36	人防双扇防护密闭门	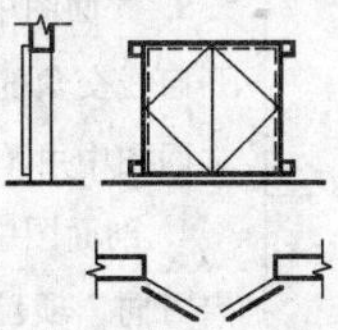	1. 门的名称代号按人防要求表示； 2. 立面形式应按实际情况绘制
	人防双扇密闭门		

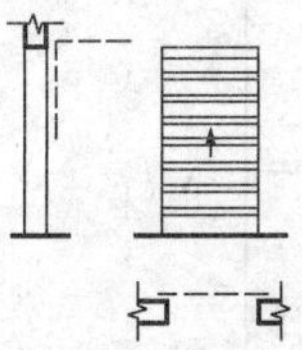

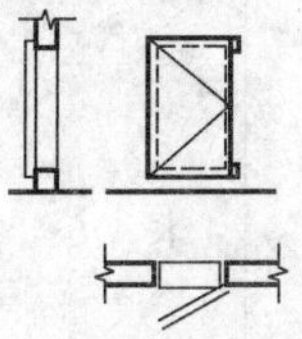

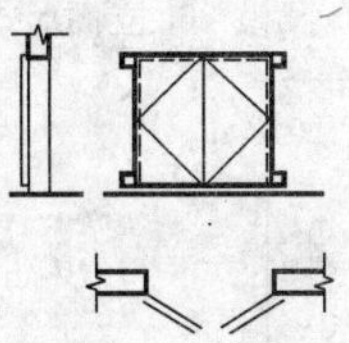

续七

序号	名称	图例	备注
37	横向卷帘门	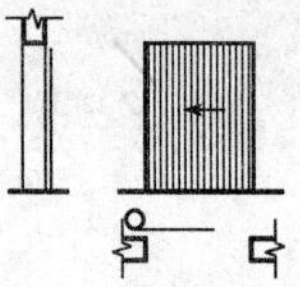	
	竖向卷帘门	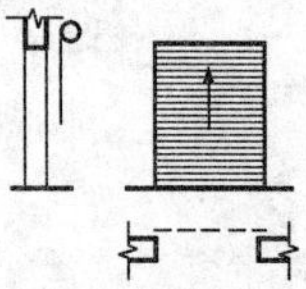	
	单侧双层卷帘门	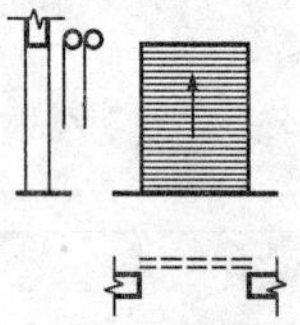	
	双侧单层卷帘门	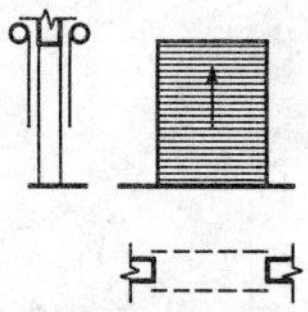	
38	固定窗	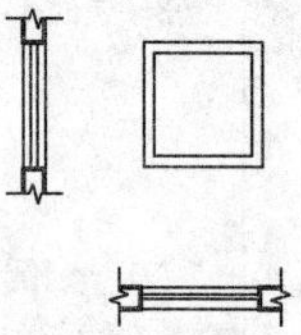	
39	上悬窗	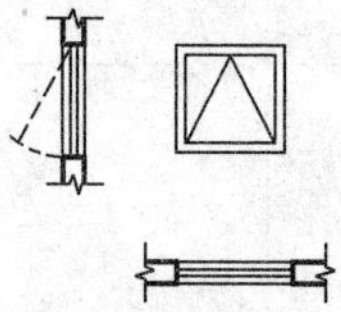	1. 窗的名称代号用C表示； 2. 平面图中，下为外，上为内； 3. 立面图中，开启线实线为外开，虚线为内开，开启线交角的一侧为安装合页一侧。开启线在建筑立面图中可不表示，在门窗立面大样图中需绘出； 4. 剖面图中，左为外，右为内，虚线仅表示开启方向，项目设计不表示； 5. 附加纱窗应以文字说明，在平、立、剖面图中均不表示； 6. 立面形式应按实际情况绘制
	中悬窗	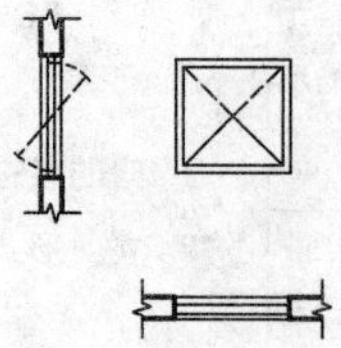	
40	下悬窗	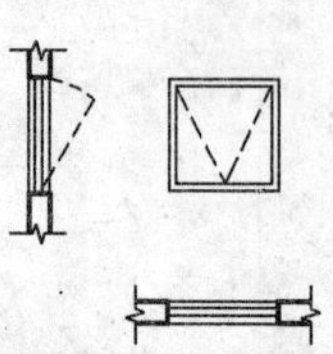	

· 164 ·

续八

序号	名称	图例	备注
41	立转窗	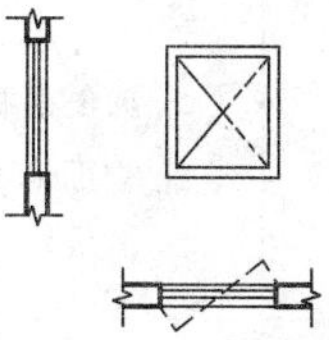	
42	内开平开内倾窗	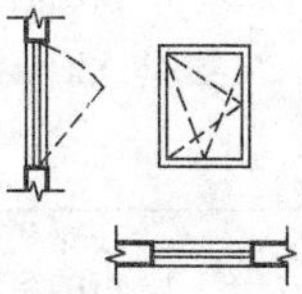	1. 窗的名称代号用C表示； 2. 平面图中，下为外，上为内； 3. 立面图中，开启线实线为外开，虚线为内开。开启线交角的一侧为安装合页一侧。开启线在建筑立面图中可不表示，在门窗立面大样图中需绘出； 4. 剖面图中，左为外，右为内，虚线仅表示开启方向，项目设计不表示； 5. 附加纱窗应以文字说明，在平、立、剖面图中均不表示； 6. 立面形式应按实际情况绘制
43	单层外开平开窗	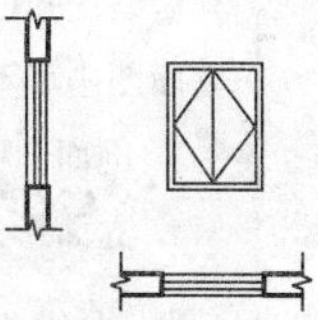	
	单层内开平开窗	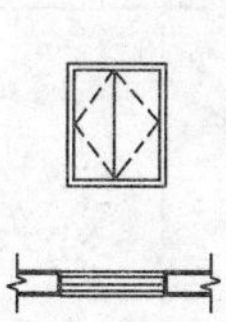	
	双层内外开平开窗	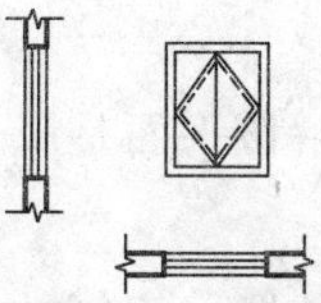	
44	单层推拉窗	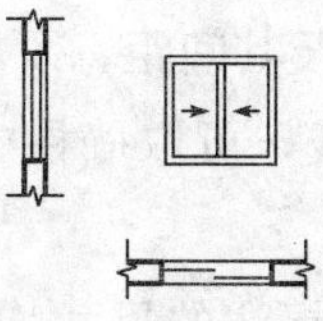	1. 窗的名称代号用C表示； 2. 立面形式应按实际情况绘制
	双层推拉窗	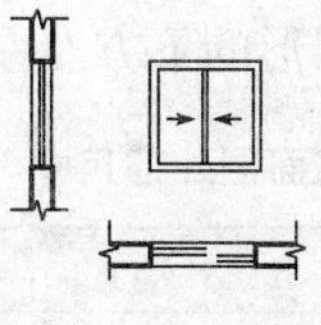	

续九

序号	名称	图例	备注
45	上推窗	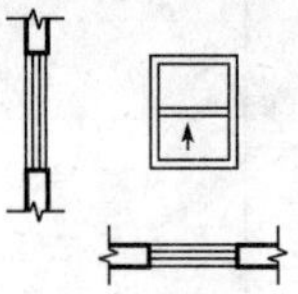	1. 窗的名称代号用C表示； 2. 立面形式应按实际情况绘制
46	百叶窗	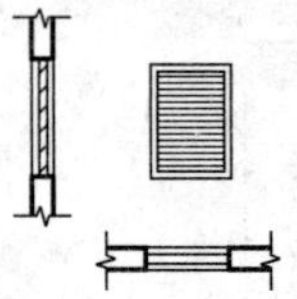	1. 窗的名称代号用C表示； 2. 立面形式应按实际情况绘制
47	高窗	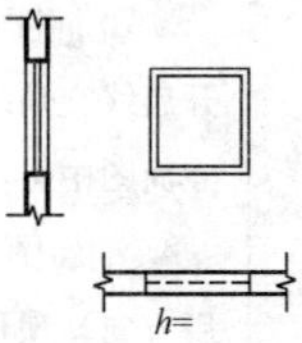	1. 窗的名称代号用C表示； 2. 立面图中，开启线实线为外开，虚线为内开。开启线交角的一侧为安装合页一侧。开启线在建筑立面图中可不表示，在门窗立面大样图中需绘出； 3. 剖面图中，左为外，右为内； 4. 立面形式应按实际情况绘制； 5. h 表示高窗底距本层地面高度； 6. 高窗开启方式参考其他窗型
48	平推窗	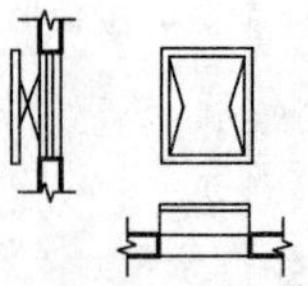	1. 窗的名称代号用C表示； 2. 立面形式应按实际情况绘制

(一)底层平面图的识读

(1)读图名、识形状、看朝向。先从图名了解该平面是属于底层平面图，了解图的比例及平面形状。通过看指北针，了解房屋的朝向。

(2)读名称，懂布局、组合。从墙(或柱)的位置、房间的名称，了解各房间的用途、数量及其相互间的组合情况。

(3)根据轴线定位置。根据定位轴线的编号及其间距，了解各承重构件的位置和房间的大小。定位轴线是指墙、柱和屋架等构件的轴线，可取墙柱中心线或根据需要偏离中心线为轴线，以便于施工时定位放线和查阅图纸。

(4)看尺寸、识开间、进深。建筑平面图上标注的尺寸均为未经装饰的结构表面尺寸，其所标注的尺寸以毫米为单位。平面图上注有外部和内部尺寸。

外部尺寸：为了便于读图和施工，一般在图形的下方及左侧注写三道尺寸，见表7-4。

表7-4 建筑施工剖面图外部尺寸

外部尺寸	表 示 内 容
第一道尺寸	表示外轮廓的总尺寸，即指从一端外墙边到另一端外墙边的总长和总宽尺寸

续表

外部尺寸	表 示 内 容
第二道尺寸	表示轴线间的距离,称为轴线尺寸,用以说明房间的开间及进深尺寸
第三道尺寸	表示各细部的位置及大小,如门窗洞宽和位置、墙柱的大小和位置、窗间墙宽等。标注这道尺寸时,应与轴线联系起来

内部尺寸：内部尺寸说明房间的净空大小和室内的门窗洞、孔洞、墙厚和固定设备(如厕所、盥洗室、工作台、搁板等)的大小与位置。

(5)了解建筑中各组成部分的标高情况。在平面图中,对于建筑物各组成部分,如地面、楼面、楼梯平台面、室外台阶面、阳台地面等处,应分别注明标高。这些标高均采用相对标高,即对标高零点(注写为±0.000)的相对高度。

(6)看图例,识细部,认门窗代号。了解房屋其他细部的平面形状、大小和位置,如楼梯、阳台、栏杆和厨厕的布置以及搁板、壁柜、碗柜等空间利用情况。

(7)根据索引符号,可知总图与详图关系。

(二)中间层平面图和顶层平面图的识读

中间层平面图也称标准层平面图,标准层平面图和顶层平面图的形成与底层平面图的形成相同。为了简化作图,已在底层平面图上表示过的内容,在标准层平面图和顶层平面图上不再表示,如不再画散水、明沟、室外台阶等,顶层平面图上不再画二层平面图上表示过的雨篷等。识读标准层平面图和顶层平面图时,应重点对照其与底层平面图的异同,如平面布置如何变化、墙体厚度有无变化、楼面标高的变化、楼梯图例的变化等。

(三)屋顶平面图的识读

屋顶平面图用来表达房屋屋顶的形状、女儿墙位置、屋面排水方式、坡度、落水管位置等的图形。一般在屋顶平面图附近配以檐口、女儿墙泛水、变形缝、雨水口、高低屋面泛水等构造详图,以配合屋顶平面图的阅读。

四、建筑立面图识读

(一)了解图名及比例

立面图的名称,可按立面图各面的朝向确定,如东立面图、南立面图等;也可根据两端定位轴线编号来命名,如①～⑧轴立面图,⑧～①轴立面图。立面图的绘图比例与平面图绘图比例应一致。

(二)了解房屋的外貌特征

了解房屋的外貌特征,并与平面图对照深入了解屋面、门窗、雨篷、台阶等细部形状及位置关系。在建筑物立面图上,相同的门窗、阳台、外檐装修、构造做法等可在局部重点表示,绘出其完整图形,其余部分只画轮廓线。

(三)了解房屋的竖向尺寸和标高

立面图中应标注必要的尺寸和标高。注写的标高尺寸部位有室内外地坪、檐口、屋脊、女儿墙、雨篷、门窗、台阶等处的标高。

(四)了解建筑装修做法

看房屋外墙表面装修的做法和分格线等。在立面图上，外墙表面分格线应表示清楚，应用文字说明各部位所用面材和颜色。

五、建筑详图的识读

(一)墙身详图的识读

墙身详图应按剖面图的画法绘制，被剖切到的结构墙体用粗实线(b)绘制，装饰层轮廓用细实线($0.25b$)绘制，在断面轮廓线内画出材料图例。

墙身详图也叫墙身大样图，实际上是建筑剖面图的局部放大图。它表达了墙身与地面、楼面、屋面的构造连接情况以及檐口、门窗顶、窗台、勒脚、防潮层、散水、明沟的尺寸、材料、做法等构造情况，是砌墙、室内外装修、门窗安装、编制施工预算以及材料估算等的重要依据。有时墙身详图不以整体形式布置，而把各个节点详图分别单独绘制，也称为墙身节点详图。有时，在外墙详图上引出分层构造，注明楼地面、屋顶等的构造情况，而在建筑剖面图中省略不标。在多层房屋中，若各层的构造情况一样，可只画墙脚、檐口和中间层(含门窗洞口)三个节点，按上下位置整体排列。由于门窗一般均有标准图集，为简化作图采用折断省略画法，因此，门窗在洞口处常出现双折断线。

墙身详图的识读应符合下列要求：

(1)表明墙身的定位轴线编号，墙体的厚度、材料及其本身与轴线的关系(如墙体是否为中轴线等)。

(2)表明墙脚的做法，墙脚包括勒脚、散水(或明沟)、防潮层(或地圈梁)以及首层地面等的构造。

(3)表明各层梁、板等构件的位置及其与墙体的联系，构件表面抹灰、装饰等内容。

(4)表明檐口部位的做法。檐口部位包括封檐构造(如女儿墙或挑檐)，圈梁、过梁、屋顶泛水构造，屋面保温、防水做法和屋面板等结构构件。

(5)图中的详图索引符号等。

(二)楼梯详图的识读

楼梯是房屋中比较复杂的构造，目前多采用预制或现浇钢筋混凝土结构。楼梯详图主要表示楼梯的结构形式，构造做法，各部分的详细尺寸、材料，是楼梯施工放样的主要依据。通常，楼梯详图包括楼梯平面图、楼梯剖面图和踏步、栏杆(栏板)、扶手等详图。

1. 楼梯平面图

楼梯平面图实际是建筑平面图中楼梯间部分的局部放大。假设用一水平剖切平面在该层往上引的第一楼梯段中剖切开，移去剖切平面及以上部分，将余下的部分按正投影的原理投射在水平投影面上所得到的图，称为楼梯平面图。其绘制比例常采用1∶50。

楼梯平面图一般分层绘制，有底层平面图、中间层平面图和顶层平面图。如果中间各层中某层的平面布置与其他层相差较多，应专门绘制。需要说明的是，按假设的剖切面将楼梯剖切开，折断线本应该平行于踏步的折断线。为了与踏步的投影区别开，规定画为斜折断线,并用箭头配合文字"上"或"下"表示楼梯的上行或下行方向,同时注明梯段的步级数。

楼梯间的尺寸要求标注轴线间尺寸、梯段的定位及宽度、休息平台的宽度、踏步宽度以及平面图上应标注的其他尺寸。标高要求注写出楼面、地面及休息平台的标高。

现以图 7-21 所示某住宅楼梯平面图为例,说明楼梯平面图的读图方法。

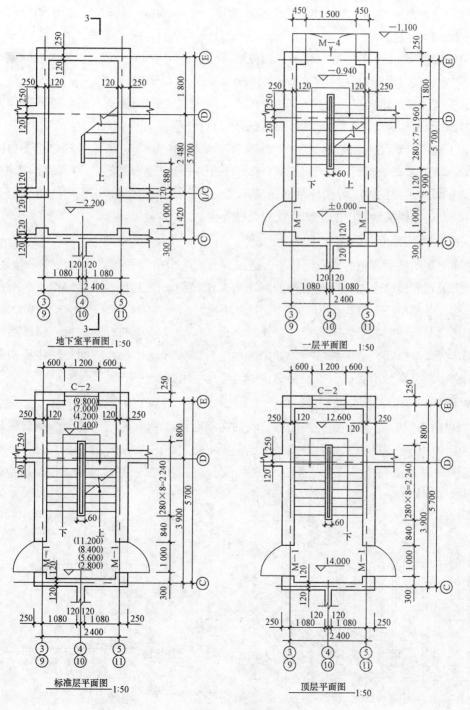

图 7-21　楼梯平面图

(1)了解楼梯或楼梯间在房屋中的平面位置。由图 7-28 可知,该住宅楼的两部楼梯分别位于横轴③~⑤与⑨~⑪范围内以及纵轴ⓒ~ⓔ区域中。

(2)熟悉楼梯段、楼梯井和休息平台的平面形式、位置,踏步的宽度和踏步的数量。

该楼梯为两跑楼梯。在地下室和一层平面图上,去地下室楼梯段有 7 个踏步,踏步面宽 280 mm,楼梯段水平投影长 1 960 mm,楼梯井宽 60 mm。在标准层和顶层平面图上(二层及其以上)每个梯段有 8 个踏步,每个踏步面宽为 280 mm,楼梯井宽也为 60 mm。楼梯栏杆用两条细线表示。

(3)了解楼梯间处的墙、柱、门窗平面位置及尺寸。该楼梯间外墙和两侧内墙厚 370 mm,平台上方分别设门窗洞口,洞口宽度都为 1 200 mm,窗口居中。

(4)看清楼梯的走向以及楼梯段起步的位置。楼梯的走向用箭头表示。地下室起步台阶的定位尺寸为 880 mm,其他各层的定位读者可自行分析。

(5)了解各层平台的标高。一层入口处地面标高为 −0.940 m,其余各层休息平台标高分别为 1.400 m、4.200 m、7.000 m、9.800 m,在顶层平面图上看到的平台标高为 12.600 m。

(6)在楼梯平面图中了解楼梯剖面图的剖切位置。从地下室平面图中可以看到 3—3 剖切符号,表达出楼梯剖面图的剖切位置和剖视方向。

2. 楼梯剖面图

楼梯剖面图是用假想的铅直剖切平面通过各层的一个梯段和门窗洞口将楼梯垂直剖开,向另一未剖到的楼梯段方向投影所作的剖面图。楼梯剖面图主要表达楼梯踏步、平台的构造与连接,以及栏杆的形式及相关尺寸,其常用比例一般为 1∶50、1∶40 或 1∶30。

在楼梯剖面图中,应注明各层楼地面、平台、楼梯间窗洞的标高,每个梯段踢面的高度、踏步的数量以及栏杆的高度等。如果各层楼梯都为等跑楼梯,中间各层楼梯构造又相同,则剖面图可只画出底层、顶层剖面,中间部分可用折断线省略。

3. 踏步、栏杆(栏板)、扶手详图

楼梯栏杆、扶手、踏步面层和楼梯节点的构造在用 1∶50 的绘图比例绘制的楼梯平面图和剖面图中仍然不能表示得十分清楚,还需要用更大比例画出节点放大图。

图 7-22 是某工程楼梯节点、栏杆、扶手详图,它能详细表明楼梯梁、板、踏步、栏杆和扶手的细部构造。

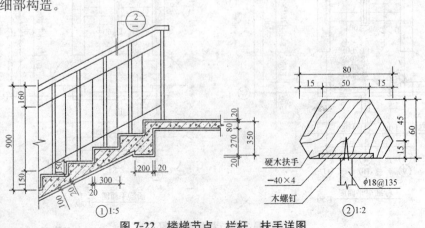

图 7-22 楼梯节点、栏杆、扶手详图

(三)其他详图的识读

在建筑、结构设计中，对大量重复出现的构配件(如门窗、台阶、面层做法等)，通常采用标准设计，即国家或地方编制一般建筑常用的构件和配件详图，供设计人员选用，以减少不必要的重复劳动。在读图时要学会查阅这些标准图集。

本章小结

施工图的阅读是投影理论和图示方法及有关专业知识的综合应用，是根据正投影的方法把所设计房屋的大小、外部形状、内部布置和室内外装修及各结构、构造、设备等的做法，用建筑专业的画法详尽、准确地表达出来，并注写尺寸和文字说明的一套图样，是指导施工的图样。一套完整的建筑工程施工图，根据其内容和工种不同，一般由施工首页图、建筑施工图、结构施工图和设备施工图组成。建筑施工图的内容主要包括建筑总平面图、建筑平面图、建筑立面图、建筑剖面图及建筑详图。

复习思考题

一、填空题

1. 房屋施工图由于专业分工的不同，分为_____、_____和_____。
2. 在建筑平面图中，横行定位轴线应用阿拉伯数字_____依次编写；竖向定位轴线应用大写拉丁字母_____顺序编写。
3. 索引符号是由直径为_____mm的圆和水平直径组成，圆及水平直径均应以细实线绘制。
4. 对称符号由对称线和_____组成，对称线用细点画线绘制。
5. 引出线的文字说明宜注写在水平线的_____，也可注写在水平线的_____。

二、选择题

1. 建筑施工图中定位轴线端部的圆用细实线绘制，直径为(　　)mm。
    A. 5～7   B. 8～10   C. 11～12   D. 12～14
2. 对称线垂直平分于两对平行线，两端超出平行线宜为(　　)。
    A. 1～2   B. 2～3   C. 3～4   D. 4～5
3. 建筑施工图中索引符号的圆的直径为(　　)mm。
    A. 8   B. 10   C. 12   D. 14
4. 指北针圆的直径宜为(　　)mm，用细实线绘制。
    A. 10   B. 14   C. 20   D. 24
5. 主要用来确定新建房屋的位置、朝向以及周边环境关系的是(　　)。
    A. 建筑平面图   B. 建筑立面图   C. 总平面图   D. 功能分区图

三、简答题

1. 建筑施工图包括哪些内容？
2. 简述建筑总平面图的图示特点。
3. 建筑平面图是怎样形成的？一幢房屋需画出哪些建筑平面图？
4. 什么是建筑详图？具有什么特点？
5. 简述建筑施工图绘制步骤。

第八章　建筑装饰施工图

学习目标

通过本章的学习，掌握建筑装饰平面图的内容；掌握建筑装饰平面图、立面图、剖面图及详图的识读；熟悉建筑装饰工程设备安装施工图的内容与特点。

能力目标

通过本章的学习，能够熟练进行建筑装饰平面图、立面图、剖面图、详图的绘制与识读；能够熟练进行典型结构图、设备安装图的绘制与识读。

第一节　建筑装饰施工图概论

建筑装饰施工图是按照装饰设计方案确定的空间尺度、构造做法、材料选用、施工工艺，并遵照建筑及装饰设计规范所规定的要求编制的用于指导装饰施工生产的技术文件。装饰工程施工图同时也是进行造价管理、工程监理等工作的主要技术文件。

一、建筑装饰施工的内容

建筑装饰施工按施工范围分室内装饰施工和室外装饰施工。

（一）室内装饰

（1）顶棚。顶棚也称天棚或天花板，是室内空间的顶面。顶棚装饰是室内装饰的重要组成部分，它的设计常常要从审美要求、物理功能、建筑照明、设备安装、管线敷设、检修维护、防火安全等方面综合考虑。

（2）楼地面。楼地面是室内空间的底面，通常是指在普通水泥或混凝土地面和其他地层表面上所做的饰面层。

（3）墙、柱。墙（柱）面是室内空间的侧界面，是人们在室内接触最多的部位，对其进行装饰要从艺术性、使用功能、接触感、防火及管线敷设等方面综合考虑。

建筑内部在隔声和遮挡视线上有一定要求的封闭型非承重墙，称为隔墙；完全不能隔声的不封闭的室内非承重墙，称为隔断。隔断一般制作都较精致，多做成镂空花格或折叠式，有固定的也有活动的，它主要起划定室内小空间的作用。

内墙装饰形式非常丰富。一般习惯将1.5 m以上高度、用饰面板（砖）饰面的墙面装饰形式称为护壁，护壁在1.5 m高度以下的又称为墙裙。在墙体上凹进去一块的装饰形式称为壁龛，墙面下部起保护墙脚面层作用的装饰构件称为踢脚。

(4)门窗。室内门窗的形式很多，按其制作材料分为铝合金门窗、木门窗、塑钢门窗、钢门窗等；按门的开启方式分，门有平开门、推拉门、弹簧门、转门、折叠门等，窗按开启方式分为固定窗、平开窗、推拉窗、转窗等。

门窗的装饰构件主要包括以下几种。

贴脸板：用来遮挡靠里皮安装门、窗产生的缝隙。

窗台板：窗台板安装在窗下槛内侧，起保护窗台和装饰窗台面的作用。

筒子板：筒子板也称为门窗套，在门窗洞口两侧墙面和过梁底面用木板、金属、石材等材料包钉镶贴。

窗帘盒：用来安装窗帘轨道，遮挡窗帘上部，增加装饰效果。

室内装饰还有楼梯踏步、楼梯栏杆(板)、壁橱和服务台、柜(吧)台等。装饰构造名目繁多，不胜枚举，在此不一一赘述。

(二)室外装饰

(1)檐头。檐头即屋顶檐口的立面，常用琉璃、面砖等材料进行装饰。

(2)外墙。外墙是室外空间的界面，一般常用面砖、琉璃、涂料、石渣、石材等材料饰面，有的还用玻璃或铝合金幕墙板做成幕墙，使建筑物明快、挺拔，具有现代感。幕墙是指悬挂在建筑结构框架表面的非承重墙，它的自重及受到的风荷载是通过连接件传给建筑结构框架的。玻璃幕墙和铝合金幕墙主要是由玻璃或铝合金幕墙板与固定它们的金属型材骨架系统两大部分组成。

(3)门头。门头是建筑物的主要出入口部分，它包括雨篷、外门、门廊、台阶、花台或花池等。

(4)门面。门面单指商业用房，它除了包括出入口的有关内容以外，还包括招牌和橱窗。

室外装饰一般还有阳台、窗头(窗洞口的外向面装饰)、遮阳板栏杆、围墙、大门和其他建筑装饰小品等项目。

二、建筑装饰施工图的产生及特点

(一)建筑装饰工程图的产生

建筑装饰设计通常是在建筑设计的基础上进行的，在制图和识图上，建筑装饰工程图有其自身的规律。其图样组成、施工工艺及细部做法的表达等都与建筑工程图有很大区别。

装饰设计要经过方案设计和施工图设计两个阶段。

1. 方案设计阶段

方案设计阶段是根据业主要求、现场情况以及有关规范、设计标准等，以透视效果图、平面布置图、室内立面图、楼地面平面图，以及尺寸、文字说明等形式，给出设计方案，经修改补充，取得合理方案后，报业主或有关主管部门审批。

2. 施工图设计阶段

施工图设计是装饰设计的主要程序。装饰施工图是用正投影方法绘制的用于指导施工的图样,建筑装饰施工图的绘制应遵守《房屋建筑制图统一标准》(GB/T 50001—2010)、《建筑制图标准》(GB/T 50201—2010)、《房屋建筑室内装饰装修制图标准》(JGJ/T 244—2011)和各省市建筑装饰装修工程协会制定的制图标准。

(二)建筑装饰施工图的特点

建筑装饰施工图一般由装饰设计说明、平面布置图、楼地面平面图、顶棚平面图、室内立面图、墙(柱)面装饰剖面图、装饰详图等图样组成。为方便建筑装饰施工图的识读,有时需绘制透视图、轴测图等进行辅助表达。

虽然建筑装饰施工图在绘图原理和图示标志形式上有许多方面与建筑施工图相一致,但由于专业和图示内容不同,还是存在一定的差异。其差异主要反映在图示方法上,大体包括以下几个方面:

(1)建筑装饰施工图所要表达的内容繁多,它不仅要表明建筑的基本结构,还要表明装饰的形式、结构与构造。为了表达详实,符合施工要求,装饰施工图一般都是将建筑图的一部分加以放大后进行图示,所用比例较大,因而有建筑局部放大图。

(2)由于建筑装饰施工图所用比例较大,又多是建筑物某一装饰部位或某一装饰空间的局部图示,笔力比较集中,因此,对于细部描绘比建筑施工图更细腻。例如,将大理石板画上石材肌理,玻璃或镜面画上反光,金属装饰制品画上抛光线等。图像真实、生动,并具有一定的装饰感,让人一看就懂,构成了装饰施工图自身形式上的特点。

(3)建筑装饰施工图图例多是在流行中互相沿用,部分无统一标准,各地多少有点大同小异,有的还不具有普遍意义,不能让人一望而知,需加文字说明。

(4)标准定型化设计少,可采用的标准图不多,致使基本图中大部分局部和装饰配件都需要专画详图来标明其构造。

(5)由于建筑装饰工程涉及面广,它不仅与建筑有关,与水、暖、电等设备有关,与家具、陈设、绿化及各种室内配套产品有关,还与钢、铁、铝、铜、木等不同材质的结构处理有关。因此,建筑装饰施工图中常出现建筑制图、家具制图、园林制图和机械制图等多种画图法并存的现象。

三、建筑装饰施工图的图样目录与设计说明

(一)建筑装饰施工图的图样目录

一套完整的图纸应有自己的目录,建筑装饰施工图也不例外。在第一页图的适当位置编排本套图纸的目录,以便查阅。图纸目录包括图别、图号、图纸内容、采用标准图集代号、备注等。

(二)建筑装饰施工图的设计说明

建筑装饰施工图设计说明包含工程概况、设计的依据、施工图设计说明及施工说明等。具体内容如下:

(1)工程名称、工程地点和建设单位。

(2)工程的原始情况、建筑面积、装饰等级、设计范围和主要目的。

(3)施工图设计的依据,包括国家和所在省市现行政策、法规、标准化设计及其他有关规定。

(4)经国家、地区上级有关部门审批获得批准文件的文号及其相关内容,应着重说明装饰设计在遵循防火、生态环保等规范方面的情况。

(5)施工图设计说明应表明装饰设计在结构和设备等技术方面对原有建筑进行改动的情况,应包括建筑装饰的类别、防火等级、防火分区、防火设备、防火门等设施的消防设计说明,以及对工程可能涉及的声、光、电、防潮、防尘、防腐蚀、防辐射等设施的消防设计说明。

(6)对设计中所采用的新技术、新工艺、新设备和新材料的情况进行说明。

关于施工图设计图样的有关说明,应能说明图样的编制概况、特点以及提示看图施工时必要的注意事项。同时,还应对图样中出现的符号、绘制方法、特殊图例等进行说明。若有可能,可将业主(或客户)的概况及他们对设计的要求也写入。

四、建筑装饰施工图的标注方法

(一)比例

建筑装饰装修绘图所用的比例,应根据房屋建筑装饰装修设计的不同部位、不同阶段的图纸内容和要求确定,并应符合表8-1的规定。对于其他特殊情况,可自行确定比例,这时除应注出绘图比例外,还应在适当位置绘制出相应的比例尺。

表8-1 绘图所用的比例

比例	部位	图纸内容
1:200~1:100	总平面、总顶面	总平面布置图、总顶棚平面布置图
1:100~1:50	局部平面、局部顶棚平面	局部平面布置图、局部顶棚平面布置图
1:100~1:50	不复杂的立面	立面图、剖面图
1:50~1:30	较复杂的立面	立面图、剖面图
1:30~1:10	复杂的立面	立面放大图、剖面图
1:10~1:1	平面及立面中需要详细表示的部位	详图
1:10~1:1	重点部位的构造	节点图

(二)标高

在建筑装饰施工图中通常使用相对标高来表示装修后的顶棚或装修后地面的相对高度,如图8-1所示,其参考坐标为同一个房间或空间。

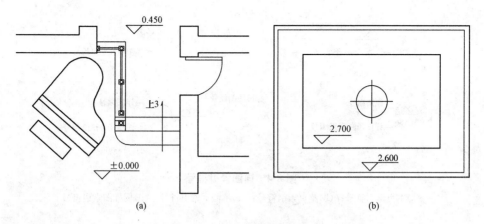

图 8-1 标高符号
(a)地面布置图中的标高符号；(b)顶棚平面图中的标高符号

(三)索引符号

在建筑装饰施工图中，索引符号根据用途的不同可分为立面索引符号、剖切索引符号、详图索引符号、设备索引符号、部品部件索引符号。

(1)表示室内立面在平面上的位置及立面图所在图纸编号，应在平面图上使用立面索引符号(图 8-2)。

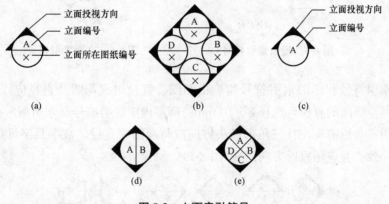

图 8-2 立面索引符号

(2)表示剖切面在界面上的位置或图样所在图纸编号，应在被索引的界面或图样上使用剖切索引符号(图 8-3)。

图 8-3 剖切索引符号

(3)表示局部放大图样在原图上的本图样所在页码，应在被索引图样上使用详图索引符号(图 8-4)。

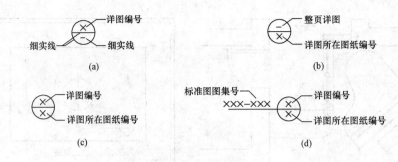

图 8-4 详图索引符号

(a)本页索引符号；(b)整页索引符号；(c)不同页索引符号；(d)标准图索引符号

(4)表示各类设备(含设备、设施、家具、灯具等)的品种及对应的编号,应在图样上使用设备索引符号(图 8-5)。

(5)索引符号的绘制应符合下列规定：

①立面索引符号应由圆圈、水平直径组成，且圆圈及水平直径应以细实线绘制。根据图面比例，圆圈直径可选择 8~10 mm。圆圈内应注明编号及索引图所在页码。立面索引符号应附以三角形箭头，且三角形箭头方向应与投射方向一致，圆圈中水平直径、数字及字母(垂直)的方向应保持不变(图 8-6)。

图 8-5 设备索引符号　　图 8-6 立面索引符号

②剖切索引符号和详图索引符号均应由圆圈、直径组成，圆及直径应以细实线绘制。根据图面比例，圆圈的直径可选择 8~10 mm。圆圈内应注明编号及索引图所在页码。剖切索引符号应附三角形箭头，且三角形箭头方向应与圆圈中直径、数字及字母(垂直于直径)的方向保持一致，并应随投射方向而变(图 8-7)。

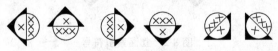

图 8-7 剖切索引符号

③索引图样时，应以引出圈将被放大的图样范围完整圈出，并应由引出线连接引出圈和详图索引符号。图样范围较小的引出圈，应以圆形中粗虚线绘制[图 8-8(a)]；范围较大的引出圈，宜以有弧角的矩形中粗虚线[图 8-8(b)]绘制；也可以云线绘制[图 8-8(c)]。

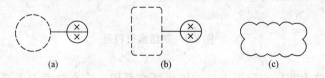

图 8-8 索引符号

(a)范围较小的索引符号；(b)范围较大的索引符号；(c)范围较大的索引符号

④设备索引符号应由正六边形、水平内径线组成,正六边形、水平内径线应以细实线绘制。根据图面比例,正六边形长轴可选择8~12 mm。正六边形内应注明设备编号及设备品种代号。

(6)索引符号中的编号除应符合现行国家标准《房屋建筑制图统一标准》(GB/T 50001—2010)的规定外,还应符合下列规定:

①当引出图与被索引的详图在同一张图纸内时,应在索引符号的上半圆中用阿拉伯数字或字母注明该索引图的编号,在下半圆中间画一段水平细实线[图 8-4(a)]。

②当引出图与被索引的详图不在同一张图纸内时,应在索引符号的上半圆中用阿拉伯数字或字母注明该详图的编号,在索引符号的下半圆中用阿拉伯数字或字母注明该详图所在图纸的编号。数字较多时,可加文字标注[图 8-4(c)、(d)]。

③在平面图中采用立面索引符号时,应采用阿拉伯数字或字母为立面编号代表各投视方向,并应以顺时针方向排序(图 8-9)。

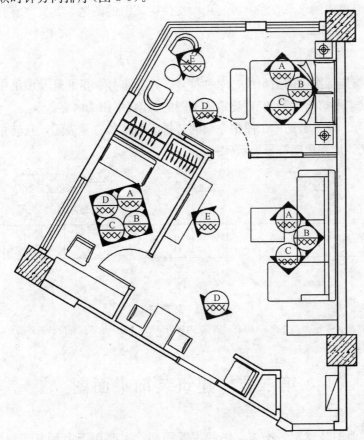

图 8-9 立面索引符号的编号

(四)图名编号

(1)房屋建筑室内装饰装修的图纸宜包括平面图、索引图、顶棚平面图、立面图、剖面图、详图等。

(2)图名编号应由圆、水平直径、图名和比例组成。圆及水平直径均应由细实线绘制,圆直径根据图面比例，可选择 8~12 mm。

(3)图名编号的绘制应符合下列规定：

①用来表示被索引出的图样时，应在图号圆圈内画一水平直径，上半圆中应用阿拉伯数字或字母注明该图样编号，下半圆中应用阿拉伯字母注明该索引符号所在图纸编号(图 8-10)。

②当索引出的详图图样与索引图同在一张图纸内时，圆内可用阿拉伯数字或字母注明详图编号，也可在圆圈内画一水平直径，且上半圆中应用阿拉伯数字或字母注明编号，下半圆中间应画一段水平细实线(图 8-11)。

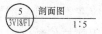 

图 8-10 被索引出的图样的图名编写　　图 8-11 索引图与被索引出的图样同在一张图纸内的图名编写

(4)图名编号引出的水平直线上方宜用中文注明该图的图名，其文字宜与水平直线前端对齐或居中。

(五)其他

(1)建筑装饰施工图中的引出线、对称符号、连接符号、指北针及图纸中局部变更部分的表示方法参见本书第七章第四节"建筑施工图的识读"中相关内容。

(2)转角符号。建筑装饰施工图中立面的转折应用转角符号表示，且转角符号应以垂直线连接两端交叉线加注角度符号表示(图 8-12)。

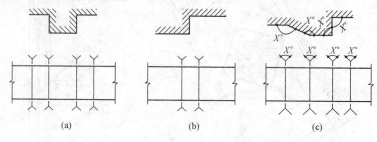

图 8-12 转角符号

(a)表示成 90°外凸立面；(b)表示成 90°内转折立面；(c)表示不同角度转折外凸立面

第二节　建筑装饰平面图

建筑装饰平面图是建筑装饰施工图的主要图样，主要用于表示空间布局、空间关系、家具布置、人流动线，让客户了解平面构思意图。绘制时力求清晰地反映各空间与家具等的功能关系，图中符号、标注不能过分随意，尤其是图例应恰当、美观。

一、建筑装饰平面图的形成

建筑装饰平面图的形成与建筑平面图的形成方法相同，即假设一个水平剖切平面沿着略高于窗台的位置对建筑进行剖切，移去上面的部分，作剩余部分的水平投影图，用粗实线绘制被剖切的墙体、柱等建筑结构的轮廓；用细实线绘制在各房间内的家具、设备的平面形状，并用尺寸标注和文字说明的形式表达家具、设备的位置关系和各表面的饰面材料及工艺要求等内容。

建筑装饰工程平面图是进行家具、设备购置和制作材料计划、施工安排计划的重要依据。

二、建筑装饰平面图的内容

(1)标明原有建筑平面图中柱网、承重墙、主要轴线和编号。

(2)标明装饰设计变更过后的所有室内外墙体、门窗、管井、电梯和各种扶梯、楼梯、平台和阳台等。

(3)标明房间名称，并标明楼梯的上下方向。

(4)标明固定的装饰造型、隔断、构件、家具、卫生洁具、照明灯具、花台、水池、陈设以及其他固定装饰配置和饰品的位置。

(5)标注装饰设计新发生的门窗编号及开启方向，并标注家具的橱柜门及其他构件的开启方向和开启方式。

(6)标注各楼层地面、主要楼梯平台的标高。

(7)标注索引符号和编号，图样名称和制图比例。

三、建筑装饰总平面图

(1)总平面图应能全面反映各楼层平面的总体情况，包括家具布置、陈设及绿化布置、装饰配置和部品布置、地面装饰、设备布置等内容。

(2)在图样中可以对一些情况作出文字说明。

(3)标注索引符号和指北针。

四、建筑装饰平面布置图

建筑装饰平面布置图是假想用一个水平的剖切平面，在窗台上方位置将经过内外装饰的房屋整个剖开，移去以上部分向下所作的水平投影图，用于表明建筑室内外各种装饰布置的平面形状、位置、大小和所用材料，表明这些布置与建筑主体结构之间，以及这些布置与布置之间的相互关系等。

(一)建筑装饰平面布置图的内容

1. 家具布置图

应标注所有可移动的家具和隔断的位置、布置方向、柜门或橱门开启方向，同时还应能确定电话、电脑、台灯、各种电器等家具上摆放物品的位置。标注定位尺寸和其他一些必要尺寸。

2. 卫生洁具布置图

在装饰设计中一般情况下应标明所有洁具、洗涤池、上下水立管、排污孔、地漏、地沟的位置，并注明排水方向、定位尺寸和其他必要尺寸。但在规模较小的装饰设计中，卫生洁具布置图可以与家具布置图合并。

3. 防火布置图

应注明防火分区、消防通道、消防监控中心、防火门、消防前室、消防电梯、疏散楼梯、防火卷帘、消火栓、消防按钮、消防报警等的位置，标注必要的材料和设备编号或型号、定位尺寸和其他必要尺寸。

4. 绿化布置图

一般情况下，绿化布置图中应确定盆景、绿化、草坪、假山、喷泉、踏步和道路的位置，注明绿化品种、定位尺寸和其他必要尺寸。在规模较小的装饰设计中，绿化布置图可以与家具布置图合并。规模较大的装饰设计可按建设方需要，另请专业单位出图。

5. 局部放大图

如果楼层平面较大，可就一些房间和部位的平面布置单独绘制局部放大图，同样也应符合以上规定。

(二)建筑装饰平面布置图的表示方法

1. 建筑平面基本结构尺寸

建筑装饰平面布置图标示出了建筑平面图的有关内容，包括建筑平面图上由剖切引起的墙柱断面和门窗洞口、定位轴线及其编号、建筑平面结构的各部位尺寸、室外台阶、雨篷、花台、阳台及室内楼梯和其他细部布置等内容。这些内容在无特殊要求的情况下，均应照原建筑平面图套用，具体表示方法与建筑平面图相同。

当然，装饰平面布置图应突出装饰结构与布置，对建筑平面图上的内容不是丝毫不漏地完全照搬。为了使图面不过于繁杂，一般与装饰平面图示关系不大或完全没有关系的内容均应予省略，如指北针、建筑详图的索引标志、建筑剖面图的剖切符号，以及某些大型建筑物外包尺寸等。

2. 装饰结构的平面形式和位置

装饰平面布置图需要表明楼地面、门窗和门窗套、护壁板或墙裙、隔断、装饰柱等装饰结构的平面形式和位置。

地面装饰一般包括楼面、台阶面和楼梯平台面等，其装饰平面形式要求绘制准确、具体，按比例用细实线画出该形式的材料规格、铺式和构造分格线等，并标明其材料品种和工艺要求。地面各处的装饰做法相同时，可不必满堂都画，选图样相对疏空处画出即可，构成独立的地面图案则要求表达完整。

门窗的平面形式主要用图例表示，其装饰应按比例和投影关系绘制。平面布置图上应标明门窗是里皮装、外装还是中装，并应注上它们各自的设计编号。

平面布置图上垂直构件的装饰形式，可用中实线画出它们的水平断面外轮廓，如门窗套、包柱、壁饰、隔断等。墙柱的一般饰面则用细实线表示。

3. 室内外配套装饰设置的平面形状和位置

装饰平面布置图还要标明室内家具、陈设、绿化、配套产品和室外水池、装饰小品配套设置的平面形状、数量和位置。这些布置当然不能将实物原形画在平面布置图上，只能借助一些简单、明确的图例来表示。

由于大部分家具与陈设都在水平剖切平面以下，因此它们的顶面正投影轮廓线应用中实线绘制，轮廓内的图线用细实线绘制。

4. 装饰结构与配套布置的尺寸标注

为了明确装饰结构和配套布置在建筑空间内的具体位置和大小，以及与建筑结构的相互关系，平面布置图上的另一主要内容就是尺寸标注。平面布置图的尺寸标注分为外部尺寸和内部尺寸。外部尺寸一般是套用建筑平面图的轴间尺寸和门窗洞、洞间墙尺寸，而装饰结构和配套布置的尺寸主要在图样内部标注。内部尺寸一般比较零碎，直接标注在所示内容附近。若遇重复相同的内容，其尺寸可代表性地标注。

(三)建筑装饰平面布置图的绘制

平面布置图的画法与建筑平面图基本一致。这里将绘图步骤结合装饰施工图的特点简述如下：

(1)选比例、定图幅。

(2)画出建筑主体结构，标注其开间、进深、门窗洞口等尺寸，标注楼(地)面标高。

(3)画出各功能空间的家具、陈设、隔断、绿化等的形状、位置。

(4)标注装饰尺寸，如隔断、固定家具、装饰造型等的定型、定位尺寸。

(5)绘制内视投影符号、详图索引符号等。

(6)注写文字说明、图名比例等。

(7)检查并加深、加粗图线。剖切到的墙柱轮廓、剖切符号用粗实线，未剖到但能看到的图线，如门扇开启符号、窗户图例、楼梯踏步、室内家具及绿化等用细实线表示。

(8)完成作图，如图 8-13 所示。

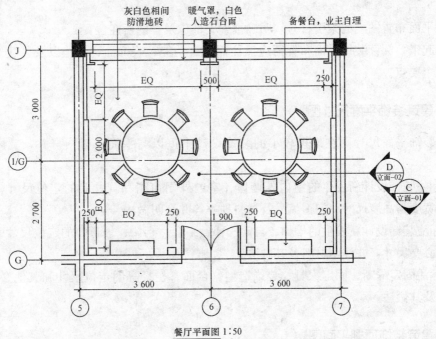

餐厅平面图 1:50

图 8-13 平面布置图

(四)建筑装饰平面布置图的识读

1. 建筑装饰平面布置图识读步骤

(1)先浏览平面布置图中各个房间的功能布局、图样比例等,了解图中基本内容。

(2)注意各功能区域的平面尺寸、地面标高、家具陈设等布局。

(3)理解平面布置图中的内视投影编号。

(4)识读平面布置图中的详细尺寸。

2. 建筑装饰平面布置图识读要点

识读建筑装饰平面布置图要先看其图名、比例、标题栏,再看建筑平面基本结构及其尺寸,把各房间名称、面积,以及门窗、走廊、楼梯等的主要位置和尺寸了解清楚,然后看建筑平面结构内的装饰结构和装饰设置的平面布置等内容。

了解各房间和其他空间主要功能,明确为满足功能要求所设置的设备与设施的种类、规格和数量,以便制定相关的购买计划。

通过图中对装饰面的文字说明,了解各装饰面对材料规格、品种、色彩和工艺制作的要求,并结合面积作材料购置计划和施工安排计划。

注意区分建筑尺寸和装饰尺寸。在装饰尺寸中,又要能分清其中的定位尺寸、外形尺寸和结构尺寸。

读图时要注意将相同的构件或部位归类,便于同样尺寸图形的识读。

通过平面布置图上的投影符号,明确投影面编号和投影方向,并进一步查出各投影方向的立面图。

通过平面布置图上的剖切符号,明确剖切位置及其剖视方向,进一步查阅相应的剖面图。

通过平面布置图上的索引符号,明确被索引部位及详图所在位置。

概括起来,阅读装饰平面布置图应抓住面积、功能、装饰面、设施以及与建筑结构的关系这五个要点。

五、建筑装饰平面尺寸图

建筑装饰平面尺寸图在规模较小的装饰设计中可以与平面布置图合并,其内容主要包括:

(1)标注装饰设计新发生的室内外墙体、室内外门窗洞和管井等的定位尺寸、墙体厚度、洞口宽度与高度尺寸、门窗编号及材料种类等并注明做法。

(2)标注装饰设计新发生的楼梯、自动扶梯、平台、台阶、坡道等的定位尺寸、设计标高及其他必要尺寸,并注明材料及其做法。

(3)标注固定隔断、固定家具、装饰造型、台面、栏杆等的定位尺寸和其他必要尺寸,标注材料及其做法。

六、建筑装饰顶棚平面图

顶棚平面图也称为顶棚装饰施工图,是以镜像投影法画出的反映顶棚平面形状、灯具位置、材料选用、尺寸标高及构造做法等内容的水平镜像投影图,是装饰施工的主要图样之一。

顶棚平面图是假想以一个水平剖切平面沿顶棚下方门窗洞口位置进行剖切,移去下面部分后对上面的墙体、顶棚所作的镜像投影图。顶棚平面图的常用比例为1∶50、1∶100、1∶150。在顶棚平面图中剖切到的墙柱用粗实线表示;未剖切到但能看到的顶棚、灯具、风口等用细实线表示。

(一)顶棚平面图的内容

(1)建筑平面及门窗洞口,画出门洞边线即可,不画门扇及开启线。
(2)顶棚的造型、尺寸、做法和说明,有时可画出顶棚的重合断面图并标注标高。
(3)顶棚灯具符号及具体位置。
(4)室内各种顶棚的完成面标高。
(5)与顶棚相接的家具、设备的尺寸及位置。
(6)窗帘及窗帘盒、窗帘帷幕板等。
(7)空调送风口位置、消防自动报警系统及与吊顶有关的音视频设备的平面布置形式及安装位置。
(8)图外标注开间、进深、总长、总宽等尺寸。
(9)标明装饰设计调整过后的所有室内外墙体、管井、电梯和自动扶梯、楼梯和疏散楼梯、雨篷和天窗等的位置,标注全名称。
(10)标注索引符号和编号、图样名称和制图比例。

如需绘制顶棚总平面图时,一般应能反映全部各楼层顶棚总体情况,包括顶棚造型、顶棚装饰灯具布置、消防设施及其他设备布置等内容。还应对一些情况作出文字说明。对于一些规模较小的装饰设计可省略顶棚总平面图。

在顶棚造型布置图中,应标明顶棚造型、天窗、构件、装饰垂挂物及其他装饰配置和部品的位置,注明定位尺寸、材料和做法。在顶棚灯具及设施布置图中应标注所有明装和暗藏的灯具、发光顶棚、空调风口、喷头、探测器、扬声器、挡烟垂壁、防火卷帘、防火挑檐、疏散和指示标志牌等的位置,标明定位尺寸、材料、产品型号和编号及做法。如果楼层顶棚较大,可以就一些房间和部位的顶棚布置单独绘制局部放大图。

(二)顶棚平面图的表示方法

(1)顶棚平面图上的前后、左右位置及纵横轴线的排列与装饰平面布置图相同。因此,在表示了墙柱断面和门窗洞口以后,不必再重复标注轴间尺寸、洞口尺寸和洞间墙尺寸,这些尺寸可对照平面布置图阅读。
(2)定位轴线和编号也不必每轴都标,只在平面图形的四角部分标出,能确定它与平面布置图的对应位置即可。
(3)顶棚平面图一般不图示门扇及其开启方向线,只图示门窗过梁底面。为区别门洞与窗洞,窗扇用一条细虚线表示。
(4)顶棚的迭级变化应结合造型平面分区线用标高的形式来表示,由于所注是顶棚各构件底面的高度,因而标高符号的尖端应向上。

(5)顶棚平面图上的小型灯具按比例用一个细实线圆表示,大型灯具可按比例画出它的正投影外形轮廓,力求简明、概括,并附加文字说明。

(三)顶棚平面图的绘制

顶棚平面图的绘制步骤如下:

(1)选比例、定图幅。

(2)画出建筑主体结构,标注其开间、进深、门窗洞口等。

(3)画出顶棚的造型轮廓线、灯饰、空调风口等设施。

(4)标注尺寸和相对于本层楼(地)面的顶棚底面标高。

(5)画详图索引符号,标注说明文字、图名比例。

(6)检查并加深、加粗图线。其中墙柱轮廓线用粗实线、顶棚及灯饰等造型轮廓用中实线、顶棚装饰及分格线用细实线表示。

(7)完成作图,如图 8-14 所示。

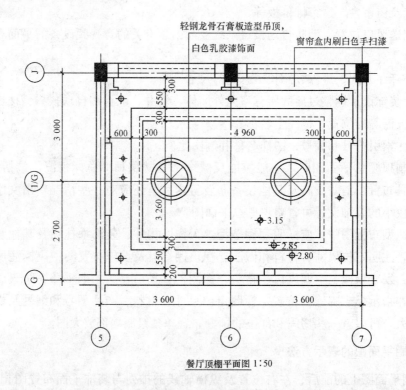

图 8-14 顶棚平面图

(四)顶棚平面图的识读

1. 顶棚平面图的识读步骤

(1)了解顶棚所在房间平面布置图的基本情况。

(2)识读顶棚造型、灯具布置及其底面标高。

(3)明确顶棚尺寸、做法。

(4)注意图中各窗口有无窗帘及窗帘盒做法,明确其尺寸。
(5)注意图中有无与顶棚相接的吊柜、壁柜等家具。
(6)注意顶棚平面图中有无顶角线做法。
(7)注意室外阳台、雨篷等处的吊顶做法与标高。

2. 顶棚平面图的识读要点

弄清顶棚平面图与平面布置图各部分的对应关系,核对顶棚平面图与平面布置图在基本结构和尺寸上是否相符。

分清有迭级变化的顶棚的标高尺寸和线型尺寸,并结合造型平面分区线,在平面上建立起三维空间的尺度概念。

了解顶部灯具和设备设施的规格、品种与数量。

通过顶棚平面图上的文字标注,了解顶棚所用材料的规格、品种及其施工要求。

通过顶棚平面图上的索引符号,找出详图对照阅读,弄清顶棚的详细构造。

七、建筑装饰地面平面图

建筑装饰地面平面图也称地面装饰图,是主要用于表达楼地面分格造型、材料名称和做法要求的图样。

地面平面装饰施工图同平面布置图的形成一样,所不同的是地面布置图不画活动家具及绿化等布置,只画出地面的装饰分格,标注地面材质、尺寸和颜色、地面标高等。对于台阶和其他凹凸变化等特殊部位,还应画出剖面(或断面)符号。

(一)地面装饰图的内容

地面装饰施工图主要以反映地面装饰分格和材料选用为主,主要图示内容如下:
(1)平面布置图的基本内容。
(2)室内楼(地)面材料选用、颜色与分格尺寸以及地面标高等。
(3)楼(地)面拼花造型。
(4)索引符号、图名及必要的说明。

(二)地面装饰图的绘制

地面装饰施工图的常用比例为1:50、1:100、1:150。图中的地面分格采用细实线表示,其他内容按平面布置图要求绘制。

地面装饰图的绘制步骤如下:
(1)选比例、定图幅。
(2)画出建筑主体结构,标注其开间、进深、门窗洞口等尺寸。
(3)画出楼地面面层分格线和拼花造型等(家具、内视投影符号等省略不画)。
(4)标注分格和造型尺寸。材料不同时用图例区分,并加引出说明,明确做法。
(5)细部做法的索引符号、图名比例。
(6)检查并加深、加粗图线,楼地面分格用细实线表示。
(7)完成作图,如图8-15所示。

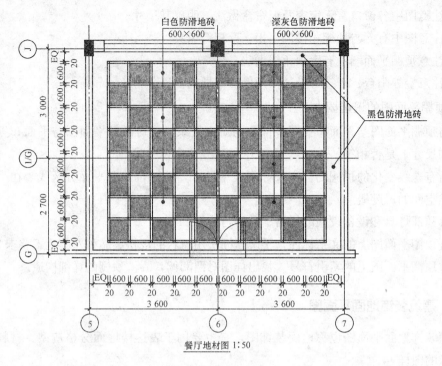

图 8-15 地面装饰图

八、建筑装饰索引图

规模较大或设计复杂的装饰设计需单独绘制索引图。应注明所有的立面、剖面、局部大样和节点详图的索引符号及编号，必要时可增加文字说明帮助索引。

第三节 建筑装饰立面图

建筑装饰立面图一般为室内墙柱面装饰图，主要表示建筑主体结构中铅垂立面的装修做法，反映空间高度、墙面材料、造型、色彩、凹凸立体变化及家具尺寸等。

一、建筑装饰立面图的形式

建筑装饰立面图包括室外装饰立面图和室内装饰立面图。

(一)室外装饰立面图

室外装饰立面图是将建筑物经装饰后的外观形象，向正立投影面所作的正投影图。它主要表明屋顶、檐头、外墙面、门头与门面等部位的装饰造型、装饰尺寸和饰面处理，以及室外水池、雕塑等建筑装饰小品布置等内容。

(二)室内装饰立面图

室内装饰立面图的形成比较复杂，且又形式不一。目前常采用的形成方法有以下几种。
(1)假想将室内空间垂直剖开，移去剖切平面前面的部分，对余下部分作正投影而成。

这样形成的立面图实质上是带有立面图示的剖面图。它所示图样的进深感较强，并能同时反映顶棚的迭级变化。

(2)假想将室内各墙面沿面与面相交处拆开，移去暂时不予图示的墙面，将剩下的墙面及其装饰布置，向正立投影面作投影而成。这样形成的立面图不出现剖面图像，只出现相邻墙面及其上装饰构件与该墙面的表面交线。

(3)设想将室内各墙面沿某轴阴角拆开，依次展开，直到都平行于同一正立投影面，形成立面展开图。这样形成的立面图能将室内各墙面的装饰效果连贯地展示出来，以便人们研究各墙面之间的统一与反差及相互衔接关系，对室内装饰设计与施工有着重要作用。

室内装饰立面图主要表明建筑内部某一装饰空间的立面形式、尺寸及室内配套布置等内容。

二、建筑装饰立面图的内容与要求

建筑装饰立面图应包括投影方向可见的室内轮廓线和装修构造、门窗、构配件、墙面做法、固定家具、灯具、必要的尺寸和标高及需要表达的非固定家具、灯具、装饰物件等。

建筑装饰立面图一般要求如下：

(1)标明立面范围内的轴线和编号，标注立面两端轴线之间的外包尺寸。

(2)绘制立面左右两端的内墙线，标明上下两端的地面线、原有楼板线、装饰设计的顶棚及其造型线。

(3)标注顶棚剖切部位的定位尺寸及其他相关尺寸，标注地面标高、建筑层高和顶棚净高尺寸。

(4)绘制墙面和柱面、装饰造型、固定隔断、固定家具、装饰配置和部品、广告灯箱、门窗、栏杆、台阶等的位置，标注定位尺寸及其他相关尺寸。对于可移动的家具、艺术品陈设、装饰部品及卫生洁具等一般无须绘制，特别需要时，应标注定位尺寸和一些相关尺寸。

(5)标注立面和顶棚剖切部位的装饰材料、材料分块尺寸、材料拼接线和分界线定位尺寸等。

(6)标注立面上的灯饰、电源插座、通信和电视信号插孔、开关、按钮、消火栓等的位置及定位尺寸、标明材料、产品型号和编号、施工做法等。

(7)标注索引符号和编号、图样名称和制图比例，由于墙柱面的构造都较为细小，其作图比例一般都不宜小于1：50。

三、建筑装饰立面图的绘制

建筑装饰立面图应按一定方向依顺序绘制，一般只要墙面有不同的地方，就必须绘制立面图。如果是圆形或多边形平面的室内空间，可以分段展开绘制室内立面图，但均应在图名后加注"展开"二字。绘制建筑装饰立面图应按如下步骤：

(1)选比例、定图幅。

(2)用浅色画出楼地面、楼盖结构、楼柱面的轮廓线或定位轴线。

(3)画出墙柱面的主要造型轮廓。画出上方顶棚的剖面和可见轮廓(比例不大于1:50时顶棚的轮廓可用单线表示)。

(4)检查并加深图线。其中室内周边的墙柱、楼板等结构轮廓用粗实线,顶棚剖面线用粗实线,墙柱面造型轮廓用中实线,造型内的装饰及分格线及其他可见线用细实线。

(5)标注尺寸,相对于本层楼地面的各造型位置及顶棚标高。

(6)标注详图索引符号、剖切符号、文字说明、图示比例。

(7)完成作图,如图8-16所示。

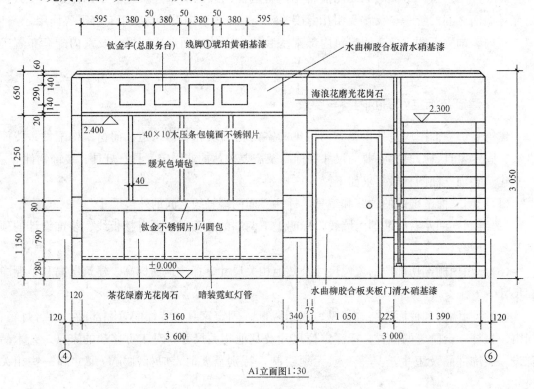

图8-16 建筑装饰立面图

四、建筑装饰立面图的识读

(一)建筑装饰立面图的识读步骤

(1)确定要读的室内立面图所在房间位置,按房间顺序识读室内立面图。

(2)在平面布置图中按照内视符号的指向,从中选择要读的室内立面图。

(3)在平面布置图中明确该墙面位置有哪些固定家具和室内陈设等,并注意其定形、定位尺寸,做到对墙(柱)面布置的家具、陈设等有一个基本了解。

(4)浏览选定的室内立面图,了解所读立面的装饰形式及其变化。

(5)详细识读室内立面图,注意墙面装饰造型及装饰面的尺寸、范围、选材、颜色及相应做法。

(6)查看立面标高、其他细部尺寸、索引符号等。

(二)建筑装饰立面图的识读要点

阅读建筑装饰立面图时,要结合平面布置图、顶棚平面图和其他立面图对照阅读,明确该室内的整体做法与要求。阅读室外装饰立面图时,要结合平面布置图和该部位的装饰剖面图综合阅读,全面弄清其构造关系。

阅读建筑装饰立面图应注意下列事项:

(1)明确建筑装饰立面图上与该工程有关的各部尺寸和标高。

(2)通过图中不同线型的含义,搞清立面上各种装饰造型的凹凸起伏变化和转折关系。

(3)弄清每个立面上的装饰面有几种,以及这些装饰面所选用的材料与施工工艺要求。

(4)立面上各装饰面之间的衔接收口较多,这些内容在立面图上表明比较概括,多在节点详图中详细表明,要注意找出这些详图,明确它们的收口方式、工艺和所用材料。

(5)明确装饰结构之间以及装饰结构与建筑结构之间的连接固定方式,提前准备好所需的预埋件和紧固件。

(6)注意电源进户、插座等设施的安装位置和安装方式,以便在施工中留位。

第四节　建筑装饰剖面图

建筑装饰剖面图是用假想平面将室外某装饰部位或室内某装饰空间垂直剖开而得的正投影图。它主要表明上述部位或空间的内部构造情况,或装饰结构与建筑结构、结构材料与饰面材料之间的构造关系等。

一、建筑装饰剖面图的内容

(一)大剖面图

对于层高和层数不同、地面标高和室内外空间比较复杂的部位,应采用大剖面图,且应符合以下要求:

(1)标注轴线、轴线编号、轴线间尺寸和外包尺寸。

(2)剖切部位的楼板、梁、墙体等结构部分应按照原有建筑条件图或者实际情况绘制清楚,并标注出各楼层地面标高、顶棚标高、顶棚净高、各层层高、建筑总高等尺寸,标注室外地面、室内首层地面以及建筑最高处的标高。

(3)对于剖面图中可视的墙柱面,应按照其立面图中包含内容绘制,标注立面的定位尺寸和其他相关尺寸,注明装饰材料和做法。

(4)应绘制顶棚、天窗等剖切部分的位置和关系,标注定位尺寸和其他相关尺寸,注明装饰材料和做法。

(5)应绘制出地面高差处的位置,标注定位尺寸和其他相关尺寸,标明标高。

(6)标注索引符号和编号、图样名称和制图比例。

(二)局部剖面图

对于建筑装饰平面图和立面图中未能表达清楚的一些复杂和需要特殊说明的部位，采用局部剖面图。局部剖面图中应表明剖切部位装饰结构各组成部分以及这些组成部分与建筑结构之间的关系，标注详细尺寸、标高、材料、连接方式和做法。

(1)墙(柱)面装饰剖面图。主要用于表达室内立面的构造，着重反映墙(柱)面在分层做法、选材、色彩上的要求。

(2)顶棚详图。主要用于反映吊顶构造、做法的剖面图或断面图。

二、建筑装饰剖面图的绘制

墙(柱)面装饰剖面图是反映墙柱面装饰造型、做法的竖向剖面图，是表达墙面做法的重要图样。墙(柱)面装饰剖面图除了绘制构造做法外，有时为表明其工艺做法、层次以及与建筑结构的连接等，还需进行分层引出标注。

墙(柱)面装饰剖面图的绘制应按以下步骤：

(1)选比例、定图幅。

(2)画出楼地面、楼盖结构、墙柱面的轮廓线。

(3)画出墙柱的防潮层、龙骨架、基层板、饰面板、装饰线角等的装饰构造层次。

(4)检查并加深、加粗图线。剖切到的建筑结构体轮廓用粗实线、装饰构造层次用中实线、材料图例线及分层引出线等用细实线表示。

(5)标注尺寸，相对于本层楼地面的墙柱面各造型位置及顶棚底面标高。

(6)标注详图索引符号、说明文字、图名比例。

(7)完成作图，如图 8-17 所示。

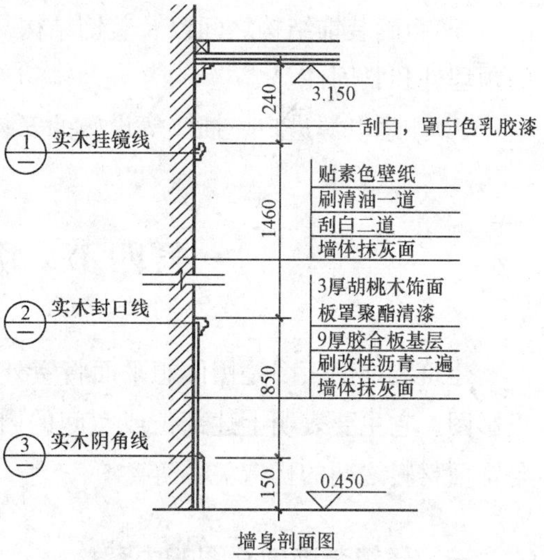

图 8-17　墙(柱)面装饰剖面图

三、建筑装饰剖面图的识读

阅读建筑装饰剖面图应注意下列要点：

(1)阅读建筑装饰剖面图要与平面布置图相对照，看清剖切面的编号是否相同，了解该剖面的剖切位置和剖视方向。

(2)分清众多图样和尺寸中哪些是建筑主体结构的图样和尺寸，哪些是装饰结构的图样和尺寸。当装饰结构与建筑结构所用材料相同时，它们的剖断面表示方法是一致的。现代某些大型建筑的室内外装饰，并非是贴墙面、铺地面、吊顶而已，因此要注意区分，以便进一步研究它们之间的衔接关系、方式和尺寸。

(3)通过对剖面图中所示内容的阅读研究，明确装饰工程各部位的构造方法、构造尺寸、材料要求与工艺要求。

(4)注意按图中索引符号所示方向,找出各部位节点详图来仔细阅读,不断对照。弄清各连接点或装饰面之间的衔接方式,以及包边、盖缝、收口等细部的材料、尺寸和详细做法。

第五节 建筑装饰详图

由于建筑装饰平面图、立面图等的比例一般较小,很多装饰造型、构造做法、材料选用、细部尺寸等无法反映或反映不清晰,满足不了装饰施工、制作的需要,因此,需放大比例画出详细图样,形成装饰详图。装饰详图一般采用1:10~1:20的比例绘制。

在装饰详图中剖切到的装饰体轮廓用粗实线表示,未剖到但能看到的投影内容用细实线表示。

一、建筑装饰详图的分类

(一)局部大样图

局部大样图是将建筑装饰平面图、立面图和剖面图中某些需要更加清楚说明的部位,单独抽取出来进行大比例绘制的图样,应能反映更详细的内容。

(二)节点详图

装饰节点详图是将两个或多个装饰面的交汇点或构造的连接部位,按垂直和水平方向剖开,并以较大比例绘出详图。它是装饰工程中最基本和最具体的施工图。它有时供构配件详图引用,有时又直接供基本图引用,因而不能理解为节点详图仅是构配件详图的子系详图,在装饰工程图中,它与构配件详图具有同等重要的作用。

节点详图应以大比例绘制,剖切在需要详细说明的部位,通常应包括以下内容:

(1)表示节点处内部的结构形式,绘制原有建筑结构、面层装饰材料、隐蔽装饰材料、支撑和连接材料及构件、配件以及它们之间的相互关系,标注所有材料、构件、配件等的详细尺寸、产品型号、做法和施工要求。

(2)表示装饰面上的设备和设施安装方式及固定方法,确定收口和收边方式,标注详细尺寸和做法。

(3)标注索引符号和编号、节点名称和制图比例。

常见的建筑装饰详图见表8-2。

表8-2 常见的几种建筑装饰详图

序号	类 别	内 容
1	装饰造型详图	独立或依附于墙柱的装饰造型,表现装饰的艺术氛围和情趣的构造体,如影视墙、花台、屏风、壁龛、栏杆造型等的平、立、剖面图及线脚详图

续表

序号	类别	内容
2	家具详图	主要指需要现场制作、加工、油漆的固定式家具，如衣柜、书柜、储藏柜等。有时也包括可移动家具，如床、书桌、展示台等
3	装饰门窗及门窗套详图	门窗是装饰工程中的主要施工内容之一。其形式多种多样，在室内起着分割空间、烘托装饰效果的作用，它的样式、选材和工艺做法在装饰图中有特殊的地位。其图样有门窗及门窗套立面图、剖面图和节点详图
4	楼地面详图	反映地面艺术造型及细部做法等内容
5	小品及饰物详图	包括雕塑、水景、指示牌、织物等的制作图

节点详图的比例常采用1∶1、1∶2、1∶5、1∶10，其中比例为1∶1的详图又称为足尺图。

节点详图虽表示范围小，但牵涉面大，特别是有些在工程中带有普遍意义的节点图，虽表明的是一个连接点或交汇点，却代表各个相同部位的构造做法。因此，在识读节点详图时，要做到切切实实、分毫不差，从而保证施工操作的准确性。

二、建筑装饰详图的图示内容

当建筑装饰详图所反映的形体的体量和面积较大或造型变化较多时，通常需先画出平、立、剖面图来反映装饰造型的基本内容。若建筑装饰详图需准确的表示外部形状、凸凹变化、与结构体的连接方式、标高、尺寸等，应选用的比例一般为1∶10～1∶50，有条件时平、立、剖面图应画在一张图纸上。当按上述比例画出的图样仍不能清晰地反映形体时，则需选择1∶1～1∶10的大比例绘制。

建筑装饰详图的图示内容包括：

(1)装饰形体的建筑做法。

(2)造型样式、材料选用、尺寸标高。

(3)所依附的建筑结构如钢筋混凝土与木龙骨、轻钢及型钢龙骨等内部骨架的连接图示(剖面或断面图)，选用标准图时应加索引。

(4)装饰体基层板材的图示(部面或断面图)，如石膏板、木工板、多层夹板、密度板、水泥压力板等用于找平的构造层次(通常固定在骨架上)。

(5)装饰面层、胶缝及线角的图示(剖面或断面图)，复杂线角及造型等还应绘制大样图。

(6)色彩及做法说明、工艺要求等。

(7)索引符号、图名、比例等。

三、建筑装饰详图的绘制

建筑装饰详图的绘制应按下列步骤：

(1)选比例、定图幅。

(2)画墙(柱)的结构轮廓。

(3)画出门套、门扇等装饰形体轮廓。

(4)详细画出各部位的构造层次及材料图例。

(5)检查并加深、加粗图线。剖切到的结构体画粗实线,各装饰构造层用中实线,其他内容如图例、符号和可见线均为细实线。

(6)标注尺寸、做法及工艺说明。

(7)完成作图,如图8-18所示。

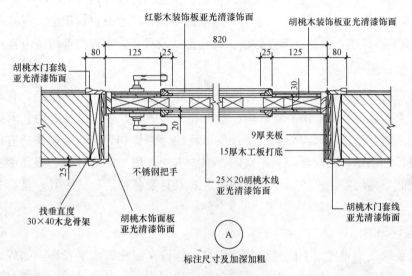

图 8-18 建筑装饰工程详图

四、建筑装饰详图的识读

(一)装饰构配件详图

建筑装饰所属的构配件项目很多,包括各种室内配套设置体和结构上的一些装饰构件,这些配置体和构件受图幅和比例的限制,在基本图中无法表达精确,都要根据设计意图另行作出比例较大的图样,来详细表明它们的式样、用料、尺寸和做法,这些图样即为装饰构配件详图。

1. 装饰构配件详图的内容

(1)详图符号、图名、比例。

(2)构配件的形状、详细构造、层次、详细尺寸和材料图例。

(3)构配件各部分所用材料的品名、规格、色彩以及施工做法和要求。

(4)部分尚需放大比例详示的索引符号和节点详图。

2. 装饰构配件详图的识读

阅读装饰构配件详图时,应先看详图符号和图名,弄清楚从何图索引而来。有的构配件详图画有立面图或平面图,有的装饰构配件详图的立面形状或平面形状及其尺寸就在被索引图样上,不再另行画出。因此,阅读时要注意联系被索引图样,并进行周密的核对,检查它们之间在尺寸和构造方法上是否相符。通过阅读,了解各部件的装配关系和内部结构,紧紧抓住尺寸、详细做法和工艺要求三个要点。

(二)装饰造型详图

装饰造型详图一般由平面图、立面图、剖面图及节点图组成。装饰造型详图的识读应按下列步骤：

(1)识读正立面图，明确装饰形式、用料、尺寸等内容。

(2)识读侧面图，明确竖直方向的装饰构造、做法、尺寸等内容。

(3)识读平面图，明确装饰在水平方向的凹凸变化、尺寸及材料用法。

(4)识读节点详图，注意各节点做法、线角形式及尺寸，掌握细部构造内容。

(三)家具详图

家具是室内环境的组成部分。具有使用、观赏和分割空间关系的功能，有着特定的空间含义。它们与其他装饰形体一起，构成室内装饰的风格，表达出特有的艺术效果和提供相应的使用功能，而这些都需要通过设计加以反映。因势利导、就地制作适宜的家具，附以精心的设计和制作，可以合理利用空间、减少占地，增加装饰效果、提高服务效能。所以，结合空间室内尺度、现场制作实用的固定式家具及各种活动式家具，具有非常实用的意义。

1. 家具详图的内容

在建筑装饰平面布置图中已经绘制有家具、陈设、绿化等水平投影，如现场制作家具还应标注它的定形和定位尺寸，并标注其名称或详图索引，以便对照识读家具详图。家具详图通常由家具立面图、平面图、剖面图和节点详图等组成。图示比例、线宽的选用同前述装饰造型详图。

2. 家具详图的识读步骤

(1)了解所要识读家具的平面位置和形状。

(2)识读立面图，明确其立面形式和饰面材料。

(3)识读立面图中的开启符号、尺寸和索引符号(或剖、断面符号)。

(4)识读平面图，了解平面形状和结构。

(5)识读侧面图，了解其纵向构造、做法和尺寸。

(6)识读家具节点详图。

(四)装饰门窗及门窗套详图

门窗是装饰工程的重要内容之一。门窗既要符合使用要求又要符合美观要求，同时还需符合防火、疏散等特殊要求，这些内容在装饰施工图中均应反映。

装饰门窗及门窗套详图的识读应按下列步骤：

(1)识读门的立面图，明确立面造型、饰面材料及尺寸等。

(2)识读门的平面图。

(3)识读节点详图。

(五)楼(地)面详图

楼(地)面在装饰空间中是一个重要的基面，要求其表面平整、美观，并且强度和耐磨性优良，同时兼顾室内保温、隔声等要求，做法、选材、样式非常多。

楼（地）面详图一般由局部平面图和断面图组成。

1. 局部平面图

图 8-19 中详图①是某客厅地面中间的拼花设计图，该图标注了图案的角度、尺寸，用图例表示了各种石材，并标注了石材的名称。

识读局部平面图时，应先了解其所在地面平面图中的位置，当图形不在正中时应注意其定位尺寸。图形中的材料品种较多时可自定图例，但必须用文字加以说明。

2. 断面图

图 8-19 中的详图Ⓐ表示某客厅地面拼花设计图所在部位的分层构造，图中采用分层构造引出线的形式标注了地面每一层的材料、厚度及做法等，是地面施工的主要依据。

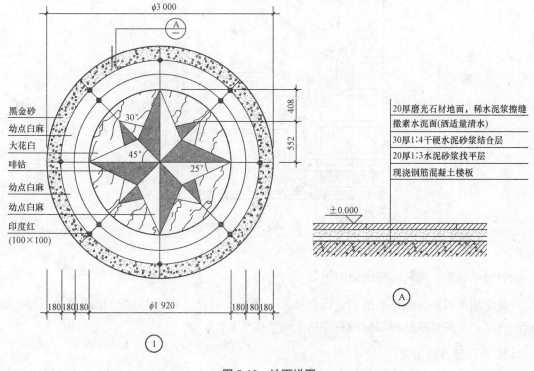

图 8-19　地面详图

第六节　建筑装饰工程典型结构图

一、建筑墙、地面结构图

建筑室内墙、地面结构一般不单独绘制，多数与室内的立面布置图同时绘制。该图样是一张室内剖面的局部详图，揭示了该处的局部棚面、地面和墙面的全部结构，如图 8-20 所示。

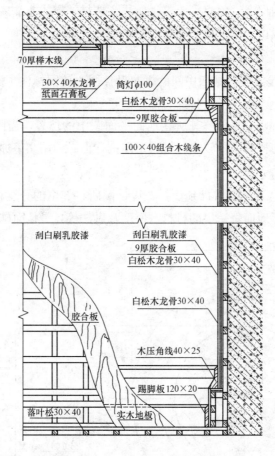

图 8-20 室内墙、地面结构详图

(一)建筑墙、地面结构造型的识读

整个墙体可以分成棚面吊顶、棚面托裙、墙面、墙体下部的墙裙和地面等几部分。识读图样时,可按建筑结构部位的顺序从上向下依次判读。

1. 吊顶部分的识读

吊顶部分,可看到整个吊顶只是在基础棚面的四周制作了一个下浮的棚圈结构造型。

2. 墙体中间部分的识读

在悬吊的棚圈造型的下方,是一个具有一定厚度的托裙造型。它不同于普通室内墙体的挂镜线或装饰板面结构。墙体中间部分表面平整,造型无变化,表面挂白后涂饰乳胶漆。

3. 墙体下部的识读

墙体的下部有一圈低矮的护墙板,从墙体的剖面上观察,这圈低矮的护墙板也做成了有一定厚度的托裙造型,踢脚板镶贴在较矮的墙裙造型下部,与墙体的上部造型相呼应。

(二)建筑墙、地面的结构材料、规格与接合方式识读

结合图 8-20,建筑墙、地面结构材料、规格与接合方式的识读方法见表 8-3。

表 8-3 建筑墙、地面结构材料、规格与接合方式识读

序号	项 目	识 读
1	棚圈吊顶造型	由上往下观察，悬吊在基础棚面上的即为棚面吊顶，除了与基础棚面接合的一圈木质线条外，该棚圈是由木质吊顶、木龙骨、纸面石膏板和筒灯所组成的。悬吊棚圈的木龙骨与吊杆之间都是采用 30 mm×40 mm 的木方接合，纸面石膏板面层直接安装到棚面的木龙骨上，在纸面石膏板面层上直接开孔安装直径为 100 的筒灯
2	棚面托裙造型	图中的棚面托裙是由 30 mm×40 mm 的白松木方制成方形的框架结构与墙体接合的，其前面三根木龙骨与后面的三根墙体木龙骨所组成，框架表面安装的是 9 mm 厚的胶合板作为墙体的面层，框架结构的下面则是规格为 100 mm×40 mm 的组合木线镶贴在墙体与框架相交的部位，作为压角线来使用
3	墙 体	墙体由木龙骨与胶合板构成，是由 30 mm×40 mm 的白松木方制成龙骨格栅作为墙体装修的骨架与基础墙体结合，然后将胶合板直接安装在龙骨上，最后在墙体的面层上挂白并涂刷乳胶漆
4	护墙板造型	护墙板由一个方形的构架与压角线、踢脚线组成。这个造型的框架结构由墙面的三根木龙骨与基础墙体上的两根木龙骨接合而成，框架的表面采用胶合板作面层。框架结构的上方与墙体的交界处钉装一个规格为 40 mm×25 mm 的压角线，而规格为 120 mm×20 mm 的踢脚线则安装在墙脚造型与地板的交界处
5	地 面	地面为实木地板，是铺装在等距的地面木龙骨之上的，图上的引出线注明这些木龙骨是采用 30 mm×40 mm 的落叶松木材制作而成

二、建筑棚面结构图

(一)建筑棚面结构的识读

图 8-21 是一个典型的建筑装饰棚面图，该住宅的格局比较常见，棚面结构比较简单。

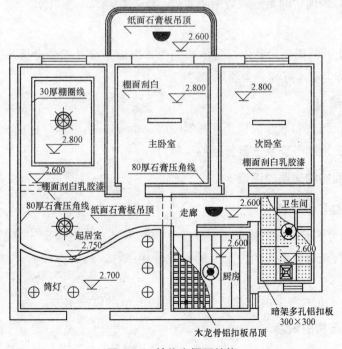

图 8-21 某住宅棚面结构

1. 起居室

起居室面积较大，室内长度贯穿整个住宅的高度方向，装修也比较高档。起居室的天花图上共有四个标高符号，表明起居室的棚面造型层次较多。数据表明棚面各部位距楼层地面的高度分别为 2.800 m、2.750 m、2.700 m 和 2.600 m。

起居室图样的上方棚面中部标高为 2.800 m，是一般住宅室内的正常标高，说明该居间并没有吊顶。而基础棚面周边部分的吊顶造型其标高则为 2.600 m，与中部比较可以看出是悬吊于顶棚面下方的棚圈造型，而且棚圈造型的底面与图样下方的曲线形棚面内侧是同一个水平面，说明这层面积最大的棚面是整个起居室的最底层棚面；起居室图样下方的棚面标高为 2.700 m，表明起居室这一部分棚面高于起居室底层平面，为次高层平面；在起居室下方曲线形棚面两条曲线之间的标高数据为 2.750 m，它实际上是位于二者之间的一个曲形槽造型。

起居室图样中棚面周围与墙面相交界部分有一圈标注宽度为 80 mm 的石膏压角线，棚圈造型内侧有宽度为 30 mm 棚圈线，室内棚面上还有 2 盏吊灯和 5 盏内嵌式筒灯。

2. 主卧室与次卧室

这两室的棚面形式基本相同，其房间标高均为 2.800 m，说明都是在基础棚面上刮白刷乳胶漆，没有吊顶结构。在顶棚基础棚面与墙面相交界的部位都绘有一圈细实线，文字标注表明这部分是宽度为 80 mm 的石膏线，与客厅的石膏线相同都是作为压角线使用的。棚面中部是一盏荧光灯。

3. 厨房

厨房棚面上画有剖面符号，说明厨房的顶棚内部是方格形木格栅龙骨，棚面则是铝合金条形扣板材料，棚面中间是一盏防尘防水灯，棚面距地是 2.600 m。

4. 卫生间

卫生间棚面上的剖面显示其内部是木质龙骨，棚面是多孔铝合金板，棚面距地是 2.600 m。棚面是一盏防尘防水灯和一个通风口。

5. 阳台、走廊

标高符号显示阳台和走廊的棚面距地均为 2.600 m，是与客厅棚面相同的纸面石膏板吊顶结构，阳台、走廊各安装一盏普通的吸顶灯。

(二)建筑棚面结构详图的识读

1. 平面吊顶结构的识读

图 8-22 所示为平面吊顶结构详图，平棚结构基本是在基础棚面安装了两根吊杆，将棚面的木龙骨与吊杆及墙体中间的过梁上的木龙骨相结合，然后将棚面材料与吊顶水平方向的木龙骨结合。

图 8-22 中，木龙骨与木吊杆都是 30 mm×40 mm 的白松木方。

2. 拱形吊顶结构的识读

图 8-23 所示为拱形吊顶结构详图，拱形吊顶实际上是一个暗槽反光顶棚，棚的中部呈

拱形造型，拱脚则深入两侧的悬吊顶棚内形成一个较大的反光面，拱脚与悬吊顶棚之间有前后两块遮光挡板，共同组成灯具的发光暗槽。当灯具发光之后，光线的主要部分被挡板遮住，而所有的光线都由挡板和拱形吊顶反射出去，因此光线柔和，有良好的视觉效果。可以说，这个吊顶主要是由拱顶造型和悬吊的棚圈两部分组成。

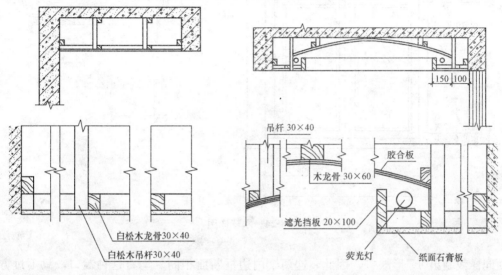

图 8-22 平面吊顶结构详图　　　图 8-23 拱形吊顶结构详图

图 8-23 中，木龙骨与木吊杆都是采用的 30 mm×40 mm 的白松方，拱形造型的面层用胶合板弯曲而成。由于拱顶部位与建筑的基础棚面的间距非常近，不适于安装吊杆的施工，因此，为了方便拱顶的胶合板与基础棚面结合，在拱顶的部位使用了 30 mm×60 mm 的白松木方。棚圈部分主要是灯具发光暗槽，其前部遮光挡板是 100 mm×20 mm 的实木板，后部遮光挡板是胶合板，规格未定；悬吊顶棚的面层是纸面石膏板。

三、建筑门窗详图

(一)木制门窗详图

木制门窗是建筑装饰工程广泛应用的一种构件，其造型很多。下面以图 8-24 所示的木窗详图为例，介绍建筑木制门窗详图的识读方法。

图 8-24 所示是一樘平开的木制窗，由窗框和两个窗扇组成。图中的窗户樘框由窗框的两个边框以及上、下冒头所组成，从 1—1、2—2 和 5—5 所示的断面图上看，樘框的断面形状是在方形的截面上裁制出一个"L"形的缺口，同时在樘框的背面两侧也裁制出较小的凹下去的小角线槽，这样的樘框造型是为了方便窗扇的安装和保证樘框在墙体内的固定。

窗扇由边框、窗板和上、下冒头组成。从 1—1 和 3—3 所示的断面图上看，窗扇的边框有两种断面形式：一种是窗扇外边框，其截面的外侧平直，内侧则是裁制出安装玻璃的"L"形裁口槽；另一种是位于两个窗扇中间的两个内边框，除了要在内边框断面上裁制出安装玻璃的"L"形裁口槽外，为了两个窗扇之间关闭后相互弥合，还要在内边框截面相对的另

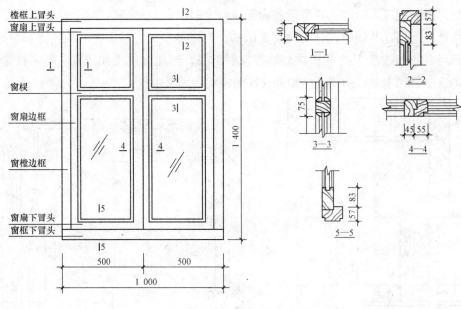

图 8-24 木窗详图

一面同样裁制出"L"形缺口，因此，这两个内边框断面相同，均有这种裁口，只不过方向相反。

窗扇的上、下冒头断面形状可见 2—2 和 5—5 断面图的内侧，截面形式与窗扇外边框截面形状基本相同。

窗扇的窗板（窗扇中的横档）一般都是在窗棂截面的上下裁制线型。为了方便玻璃的安装，在窗板的外侧裁制"L"形的角线槽，而在窗板的内侧裁制各种漂亮的坡形或曲形截面。

(二) 金属门窗详图

金属门窗一般用各种金属型材制成，金属门窗施工除了绘制窗户的造型图样以外，还绘制出节点的局部详图。下面以图 8-25 所示的铝合金窗的节点详图为例，介绍金属门窗详图的识读。

如图 8-25 所示是铝合金窗图样的一个剖面图，从图中看到窗扇的上横框和下横框的断面，上横框和下横框之间夹装玻璃后用橡胶条固定，下横框的下部端面装有滑轮，窗扇组装之后安装在窗框的上下滑框之间。从局部详图上看，两个窗扇内侧的边框采用中框，以便互相扣合。而窗扇的外侧边框则采用边框，把玻璃夹装进去后用橡胶条密封即可。

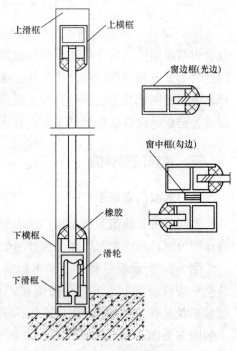

图 8-25 铝合金窗节点详图

第七节 建筑装饰工程设备安装施工图

在建筑装饰工程中,设备安装施工图的种类很多,常见的有给水排水工程施工图、通风空调工程施工图、采暖工程施工图和电气工程施工图等。

一、建筑装饰工程设备安装施工图的内容与特点

(一)建筑装饰工程设备安装施工图的内容

1. 设计说明

在建筑装饰设备安装施工图中,对于图中不需要或无法用图样、图例符号表达的设计内容包括设计依据、引用的标准图集、使用的材料品种、元器件型号列表、施工技术要求及其相关技术参数等内容需要用文字表达,即设计说明。

2. 设备平面图

设备平面图是表示各种设备系统的平面布置形式的一种图样,反映了各种设备与建筑结构的平面安装关系,一般是在建筑平面图的基础上绘制的,如建筑平面上各种设备系统的连接形式等。

3. 设备系统图

设备系统图是表示设备系统的工作原理、空间关系或者元器件的连接关系,能够反映设备系统全部状态的一种图样。设备系统图与设备平面图相互联系,从不同角度表达同样的设备系统,二者相结合能准确地反映系统的全貌和工作原理。

4. 设备安装详图

设备安装详图是表现构造设施、设备系统中某一构造局部安装细节要求的详细图样,一般都直接采用通用标准图集上的内容来表达某些常见的构造和做法,以利于提高安装施工的标准化程度。

(二)建筑装饰工程设备安装施工图的特点

(1)设备安装施工图与建筑施工图、结构施工图一起组成一套完整的建筑施工图体系。
(2)设备安装施工图一般采用相关专业制图标准、规范所规定的图例符号和文字表示各种构造、设备、元器件、阀门、管线等。

二、给水排水工程施工图

给水排水施工图主要反映给水排水方式、相关设备和材料的规格型号、安装要求及与相关建筑构造的结构关系等内容。其属于建筑室内生活设施的配套安装工程,因此要对建筑装饰施工图中各种房间的功能用途、有关要求、相关尺寸和位置关系等有足够了解,以便相互配合做好预埋件和预留孔洞等工作。

(一)给水排水工程施工图的分类

1. 室内管道及卫生设备图

室内管道及卫生设备图,指一幢建筑物内用水房间(如厕所、浴室、厨房、试验室、锅炉房)以及工厂车间用水设备的管道平面布置图、管道系统平面图、卫生设备、用水设备、加热设备和水箱、水泵等的施工图。

2. 室外管道及附属设备图

室外管道及附属设备图,指城镇居住区和工矿企业厂区的给水排水管道施工图。属于这类图样的有区域管道平面图、街道管道平面图、工矿企业厂区管道平面图、管道纵剖面图、管道上的附属设备图、泵站及水池和水塔管道施工图、污水及雨水出口施工图。

3. 水处理工艺设备图

水处理工艺设备图,指给水厂、污水处理厂的平面布置图、水处理设备图(如沉淀池、过滤池、曝气池、消化池等全套施工图)、水流或污流流程图。

给水排水工程施工图按图纸表现的形式可分为基本图和详图两大类。基本图包括图纸目录、施工图说明、材料设备明细表、工艺流程图、平面图、轴测图和立(剖)面图;详图包括节点图、大样图和标准图。

(二)给水排水工程施工图的内容

1. 设计说明

设计说明用于反映设计人员的设计思路及用图无法表示的部分,同时也反映设计者对施工的具体要求,主要包括设计范围、工程概况、管材的选用、管道的连接方式、卫生洁具的安装、标准图集的代号等。

2. 主要材料统计表

主要材料统计表中规定主要材料的规格型号。小型施工图可省略主要材料统计表。

3. 平面图

平面图表示给水排水管道及卫生设备的平面布置情况,一般包括如下内容:
(1)用水设备的类型及位置。
(2)各立管、水平干管、横支管的各层平面位置、管径尺寸、立管编号以及管道的安装方式。
(3)各管道零件如阀门、清扫口的平面位置。
(4)在底层平面图上,还反映给水引入管、污水排出管的管径、走向、平面位置及与室外给水排水管网的组成联系。

4. 系统轴测图

系统轴测图包括给水系统轴测图和排水系统轴测图,它是根据各层平面图中卫生设备、管道及竖向标高用轴测投影的方法绘制而成的,分别表示给水排水管道系统的上、下层之间,前后、左右之间的空间关系。在系统轴测图中除注有各管径尺寸及立管编号外,还注有管道的标高和坡度。

5. 详图

详图又称大样图，它表明某些给水排水设备或管道节点的详细构造与安装要求。

(三) 给水排水工程施工图的特点

(1) 给水排水管道的空间布置往往是纵横交叉，用平面图难以表达。因此，常用轴测投影的方法画出管道的空间位置情况，即系统轴测图。绘图时，要根据管道的各层平面图绘制，识读时要与平面图一一对应。

(2) 给水排水施工图与土建施工图有紧密的联系，尤其是留洞、打孔、预埋件等对土建的要求必须在图纸上明确表示和注明。

(3) 给水排水管道系统图的图例线条较多，绘制识读时，要根据水源的流向进行，一般情况如下：

①室内给水系统：进户管(房屋引入管)→水表井(阀门井)→干管→立管→横支管→用水设备。

②室内排水系统：污水收集器→横支管→立管→干管→排出管。

(4) 给水排水施工图中的管道设备常常采用统一的图例和符号表示，这些图例符号并不能完全表示管道设备的实样。

(四) 给水排水工程施工图的绘制

1. 总平面图的绘制

绘制总平面图时，建筑物、构筑物、道路的形状、编号、坐标、标高等应与总图专业图纸相一致。给水、排水、雨水、热水、消防和中水等管道宜绘制在一张图纸上，如管道种类较多、地形复杂，在同一张图纸上表示不清时，可按不同管道种类分别绘制。

总平面图的绘制应包括以下内容：

(1) 应按规定的图例绘制各类管道、阀门井、消火栓井、洒水栓井、检查井、跌水井、水封井、雨水口、化粪池、隔油地、降温池、水表井等，并按规定进行编号。

(2) 绘出城市同类管道及连接点的位置、连接点井号、管径、标高、坐标及流水方向。

(3) 绘出各建筑物、构筑物的引入管、排出管，并标注出位置尺寸。

(4) 图上应注明各类管道的管径、坐标或定位尺寸。

(5) 图面的右上角应绘制风玫瑰图，如无污染源时可绘制指北针。

2. 系统轴测图的绘制

系统轴测图一般按斜等轴测投影原理绘制，与坐标轴平行的管道在轴测图中反映实长。但有时为了绘图美观，也可不按实际比例制图。当空间交叉的管道在系统轴测图中相交时，要判断前后、上下的关系，然后按给水排水施工图中常用图例交叉管的画法画出，即在下方、后面的要断开。

系统轴测图的表示方法如下：

(1) 系统轴测图中给水管道仍用粗实线表示，排水管道用粗虚线表示。

(2) 管径一般用"DN"标注，如 $DN50$ 表示公称直径为 50 mm 的管子。

(3)给水排水管均应标注标高。

(4)排水管应标出坡度,如在排水管图线上标注2‰、箭头表示坡降方向。

给水系统与排水系统轴测图的画图步骤基本相同。为了便于安装施工,给水与排水管道系统中,相同层高的管道尽可能布置在同一张图纸的同一水平线上,以便相互对照查看。

(五)给水排水工程施工图的识读

阅读给水排水施工图前,对相关的建筑施工图、结构施工图、装饰施工图应有一定的认识。给水排水工程施工图识读应符合下列要求。

1. 平面图的识读

(1)查明卫生器具、用水设备(开水炉、水加热器等)和升压设备(水泵、水箱)的类型、数量、安装位置、定位尺寸。卫生器具及各种设备通常是用图例来表示的,它只能说明器具和设备的类型,而没有具体表现各部尺寸及构造。因此,必须结合有关详图或技术资料,弄清楚这些器具和设备的构造、接管方式和尺寸。

(2)弄清楚给水引入管和污水排出管的平面位置、走向、定位尺寸,与室外给水排水管网的连接形式、管径、坡度等。给水引入管通常是从用水量最大或不允许间断供水的位置引入,这样可使大口径管道最短,供水可靠。给水引入管上一般都装设阀门。阀门如果装在室外阀门井内,在平面图上就能够表示出来,这时要查明阀门的型号、规格及距建筑物的位置。

污水排出管与室外排水总管的连接,是通过检查井来实现的。要了解检查井距外墙的距离,即排出管的长度。排出管在检查井内通常取管顶平连接(排出管与检查井内排水管的管顶标高相同),以免排出管埋设过深或产生倒流。

给水引入管和污水排出管通常都注上系统编号,编号和管道种类分别写在直径约为8~10 mm的圆圈内,圆圈内过圆心画一水平线,线上面标注管道种类,如给水系统写"给"或写汉语拼音字母"J",污水系统写"污"或写汉语拼音字母"W"。线下面标注编号,用阿拉伯数字书写。

(3)查明给水排水干管、立管、支管的平面位置、走向、管径及立管编号。

如果系统内立管较少时,可只在引入管处进行系统编号,只有当立管较多时,才在每个立管旁边进行编号。立管编号标注方法与系统编号基本相同。

(4)在给水管道上设置水表时,要查明水表的型号、安装位置以及水表前后的阀门设置。

(5)对于室内排水管道,还要查明清通设备布置情况,明露敷设弯头和三通。有时为了便于通扫,在适当位置设置有门弯头和有门三通(即设有清扫口的弯头和三通),在识读时也要注意;对于大型厂房,要注意是否设置检查井和检查井进口管的连接方向;对于雨水管道,要查明雨水斗的型号、数量及布置情况,并结合详图搞清雨水斗与天沟的连接方式。

2. 系统轴测图的识读

给水和排水管道系统轴测图,通常按系统画成正面斜等轴测图,主要表明管道系统的立体走向。在给水系统轴测图上卫生器具不画出来,只画出水龙头、淋浴器莲蓬头、冲洗水箱等符号；用水设备如锅炉、热交换器、水箱等则画出示意性的立体图，并在支管上注以文字说明；在排水系统轴测图上也只画出相应的卫生器具的存水弯或器具排水管。

识读系统轴测图应掌握的主要内容和注意事项如下：

(1)查明给水管道系统的具体走向、干管的敷设形式、管径及其变径情况，阀门的设置，引入管、干管及各支管的标高。

识读给水管道系统图时，一般按引入管、干管、立管、支管及用水设备的顺序进行。

(2)查明排水管道系统的具体走向、管路分支情况、管径、横管坡度、管道各部标高、存水弯形式、清通设备设置情况，弯头及三通的选用(90°弯头还是135°弯头，正三通还是斜三通等)。

识读排水管道系统图时，一般是按卫生器具或排水设备的存水弯、器具排水管、排水横管、立管、排出管的顺序进行。

在识读时结合平面图及说明，了解和确定管材和管件。排水管道为了保证水流通畅，根据管道敷设的位置往往选用135°弯头和斜三通，在分支处变径不用大小头而用变径三通。存水弯有铸铁、黑铁和"P"式、"S"式以及有清扫口和不带清扫口之分。在识读图纸时，也要弄清楚卫生器具的种类、型号和安装位置等。

(3)在给水排水施工图上一般都不表示管道支架，而由施工人员按规程和习惯做法自己确定。给水管支架一般分为管卡、钩钉、吊环和角钢托架，支架需要的数量及规格应在识读图纸时确定下来。民用建筑的明装给水管通常用管卡，工业厂房给水管则多用角钢托架或吊环。铸铁排水立管通常用铸铁立管卡子，装设在铸铁排水管的承口上面，每根管子上设一个；铸铁排水横管则采用吊卡，间距不超过2 m，吊在承口上。

三、通风空调工程施工图

通风空调系统包括通风系统和空气的加温、冷却与过滤系统两个范畴，通风系统可单独使用，但除主要设备外，一些输送气体的风机、管线等设备、附件往往是共用的，因此通风系统与空气的加温、冷却与过滤系统的施工图画法基本上是相同的，统称空调系统工程施工图。

(一)通风空调工程施工图的内容

1. 平面图

平面图有各层系统平面图、空调机房平面图等。

(1)系统平面图主要表明通风空调设备和系统管道的平面布置。其内容包括：各类设备及管道的位置和尺寸；设备、管道定位线与建筑定位线的关系；系统编号；送、回风口的空气流动风向；通用图、标准图索引号；各设备、部件的名称、型号、规格。

(2)平面图表明按标准图或产品样本要求所采用的"空调机组"类别、型号、台数，并注出这些设备的定位尺寸和长度尺寸。

2. 空调系统图和剖面图

管道系统主要表明管道在空间的曲折、交叉和走向以及部件的相对位置，其基本要素应与平面图和剖面图相对应，在管道系统图中应能确认管径、标高、末端设备和系统编号。

(二)通风空调工程施工图的特点

通风空调施工图的表达方式,主要是以表达通风空调的系统和设备布置为主,因此在绘制通风空调工程的平、立、剖面图时,房屋的轮廓除地面以外均用细线画出,通风空调的设备、管道等则采用较粗的线型,另外还需要采用正面斜轴测图绘制系统图和原理图。

(三)通风空调工程施工图的绘制

1. 管道和设备布置平面图、剖面图和详图的绘制

管道和设备布置平面图、剖面图和详图应以直接正投影法绘制,用于通风空调系统设计的建筑平面图、剖面图,应用细实线绘出建筑轮廓线和与暖通空调系统有关的门、窗、梁、柱、平台等建筑构配件,并标明相应定位轴线编号、房间名称、平面标高。

管道和设备布置平面图、剖面图和详图的绘制应符合下列要求:

(1)管道和设备布置平面图应按假想除去上层板后俯视规则绘制,否则应在相应垂直剖面图中表示平剖面的剖切符号,如图 8-26 所示。

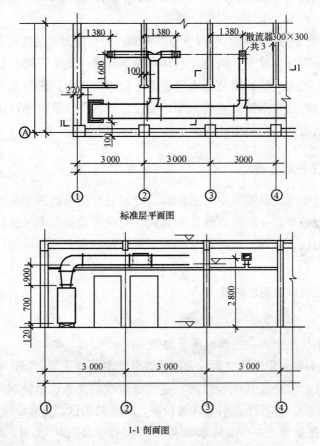

图 8-26 平、剖面图示例

(2)剖视的剖切符号应由剖切位置线、投射方向线及编号组成,剖切位置线和投射方向线均应以粗实线绘制。剖切位置线的长度宜为 6~10 mm;投射方向线长度应短于剖切位置线，宜为 4~6 mm；剖切位置线和投射方向线不应与其他图线相接触；编号宜用阿拉伯数字，标在投射方向线的端部；转折的剖切位置线，宜在转角的外顶角处加注相应编号。

(3)断面的剖切符号用剖切位置线和编号表示。剖切位置线宜为长 6~10 mm 的粗实线；编号可用阿拉伯数字、罗马数字或小写拉丁字母，标在剖切位置线的一侧，并表示投射方向。

(4)平面图上应注出设备、管道定位(中心、外轮廓、地脚螺栓孔中心)线与建筑定位(墙边、柱边、柱中)线间的关系；剖面图上应注出设备、管道(中、底或顶)标高。必要时，还应注出距该层楼(地)板面的距离。

(5)剖面图，应在平面图上尽可能选择反映系统全貌的部位垂直剖切后绘制。当剖切的投射方向为向下和向右，且不致引起误解时，可省略剖切方向线。

(6)建筑平面图采用分区绘制时，暖通空调专业平面图也可分区绘制。但分区部位应与建筑平面图一致，并应绘制分区组合示意图。

(7)平面图、剖面图中的水、汽管道可用单线绘制，风管不宜用单线绘制(方案设计和初步设计除外)。

(8)平面图、剖面图中的局部需另绘详图时，应在平、剖面图上标注索引符号。索引符号的画法如图 8-27 所示；右图为引用标准图或通用图时的画法。

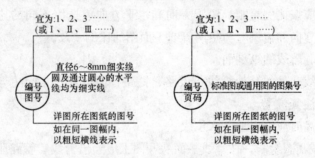

图 8-27 索引符号的画法

(9)当表示局部位置的相互关系时，在平面图上应标注内视符号，内视画法如图 8-28 所示。

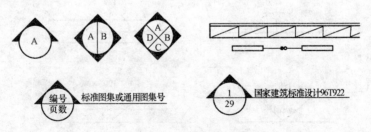

图 8-28 内视符号画法

2. 管道系统图和原理图的绘制

管道系统图采用轴测投影法绘制时，宜采用与相应的平面图一致的比例，按正等轴测或正面斜二轴测的投影规则绘制,可按现行国家标准《房屋建筑制图统一标准》(GB/T 50001—2010)绘制。

在不致引起误解时,管道系统图可不按轴测投影法绘制;管道系统图的基本要求应与平、剖面图相对应;水、汽管道及通风、空调管道系统图均可用单线绘制;系统图中的管线重叠、密集处,可采用断开画法。断开处宜以相同的小写拉丁字母表示,也可用细虚线链接;室外管网工程设计宜绘制管网总平面图和管网纵剖面图;原理图可不按比例和投影规则绘制,其基本要素应与平面图、剖视图及管道系统图相对应。

(1)热网管道系统图绘制。图中应绘出热源、热用户等有关的建筑物和构筑物,并标注其名称或编号。其方位和管道走向与热网管线平面图相对应;图中应绘出各种管道,并标注管道的代号及规格;图中应绘出各种管道上的阀门、疏水装置、放水装置、放气装置、补偿器、固定管架、转角点、管道上返点、下返点和分支点,并宜标注其编号。编号应与管线平面图上的编号相对应。管道应采用单线绘制。当用不同线型代表不同管道时,所采用线型应与热网管线平面图上的线型相对应。将热网管道系统图的内容并入热网管线平面图时,可不另绘制热网管道系统图。

(2)管线纵剖面图的绘制。管线纵剖面图应按管线的中心线展开绘制。管线纵剖面图应由管线纵剖面示意图、管线平面展开图和管线敷设情况表组成。这三部分相应部位应上下对齐。绘制管线纵剖面示意图应符合下列规定:

①距离和高程应按比例绘制,铅垂方向和水平方向应选用不同的比例,并应绘出铅垂方向的标尺,水平方向的比例应与热网管线平面图的比例一致。

②应绘出地形、管线的纵剖面。

③应绘出与管线交叉的其他管线、道路、铁路、沟渠等,并标注与热力管线直接相关的标高,用距离标注其位置。

④地下水位较高时应绘出地下水位线。

(3)管线平面展开图绘制。在管线平面展开图上应绘出管线、管路附件及管线设施或其他构筑物的示意图。在各转角点应表示出展开前管线的转角方向,非90°角还应标注小于180°的角度值(图8-29)。

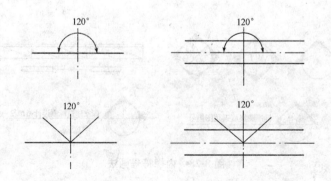

图8-29 管线平面展开图上管线转角角度的标注

(四)通风空调工程施工图的识读

图 8-30 为某通风系统的平面图、剖面图和系统轴测图。阅读通风空调安装工程图，要从平面图开始，将平面图、剖面图、系统透视图结合起来对照阅读，一般情况下可以顺着气流的流动方向逐段阅读。对于排风系统，可以从吸风口看起，沿着管路直到室外排风口。

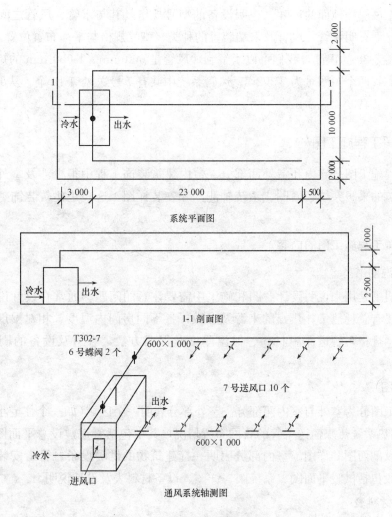

图 8-30 通风系统施工图

1. 平面图的识读

通风空调工程平面图识读内容包括：查明系统的编号与数量；查明末端装置的种类、型号规格与平面位置；查明水系统水管、风系统风管等的平面位置以及与建筑物墙面的距离；查明风管材料、形状及规格尺寸；查明空调器、通风机、消声器等设备的平面布置及型号规格；查明冷水或空气—水的半集中空调系统中膨胀水箱、集气罐的位置、型号及其配管平面布置尺寸。

通过对图 8-30 的识读我们可以了解到：该通风系统有一台空调器，空调器是用冷(热)

水冷却(加热)空气的。空气从回风口进入空调机，经冷却或加热后，由空调器内风机从顶部送出，空气出机后分为两路送往各用风点。风管总长度约为 48 m。

2. 系统图的识读

通风空调工程系统图的识读内容包括：查明水系统水平水管、风系统水平风管、设备、部件在垂直风向的布置尺寸与标高、管道的坡度与坡向，以及该建筑房屋地面和楼面标高，设备、管道距该层楼地面的尺寸。查明设备的型号规格及其与水管、风管之间在高度风向上的连接情况。查明水管、风管及末端装置的种类、型号规格与平面布置位置。

通过对图 8-30 的识读，我们可以了解到，风管是 600 mm×1 000 mm 的矩形风管。风管上装 6 号蝶阀两个，图号为 T302-7。风管系统中共有 7 号送风口 10 个。从剖面图上可以知道，风管安装高度为 3.5 m。

四、采暖工程施工图

采暖工程施工图分室内和室外两部分。室内建筑装饰工程中很少涉及室外部分，主要接触住宅建筑的采暖系统平面图、系统轴测图和安装详图，这些是建筑装饰工程中必须掌握的安装图样。

(一)采暖工程施工图的内容

1. 设计说明书

设计说明书是用来说明设计意图和施工中需要注意的问题。通常在设计说明书中应说明的事项主要有总耗热量，热媒的来源及参数，各不同房间内温度、相对湿度，采暖管道材料的种类、规格，管道保温材料、保温厚度及保温方法，管道及设备的刷油遍数及要求等。

2. 施工图

采暖施工图分为室外与室内两部分。室外部分表明一个区域(如一个住宅小区或一个工矿区)内的供热系统热媒输送干管的管网布置情况，其中包括管道敷设总平面图、管道横剖面图、管道纵剖面图和详图。室内部分表明一幢建筑物的供暖设备、管道安装情况和施工要求。它一般包括供暖平面图、系统图、详图、设备材料表及设计说明。

3. 设备材料表

采暖工程所需要的设备和材料，在施工图册中都列有设备材料清单，以备订货和采购之用。

(二)采暖工程施工图的绘制

1. 平面图的绘制

(1)按比例用中实线抄绘房屋建筑平面图，图中只需绘出建筑平面的主要内容，如走廊、房间、门窗位置，定位轴线位置、编号。

(2)用散热器的图例符号━━━，绘出各组散热器的位置。

(3)绘出总立管及各个立管的位置，供热立管用"。"表示，回水立管用"."表示。

(4)绘出立管与支管、散热器的连接方式。

(5)绘出供水干管、回水干管与立管的连接方式及管道上的附件设备,如阀门、集气罐、固定支架、疏水器等。

(6)标注尺寸,对建筑物轴线间的尺寸、编号、干管管径、坡度、标高、立管编号以及散热器片数等均需进行一一标注。

2. 系统轴测图的绘制

(1)以采暖平面图为依据,确定各层标高的位置,带有坡度的干管,绘成与 x 轴或与 y 轴平行的线段,其坡度用 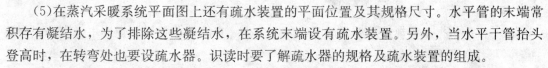 表示。

(2)从供热入口处开始,先画总立管,后画顶层供热干管,干管的位置、走向一定与采暖平面图一致。

(3)根据采暖平面图,绘出各个立管的位置,以及各层的散热器、支管,绘出回水立管、回水干管以及管路设备的位置。

(4)标明尺寸,对各层楼、地面的标高,管道的直径、坡度、标高,立管的编号,散热器的片数等均需标注。

3. 详图的绘制

详图主要表明采暖平面图和系统轴测图中复杂节点的详细构造及设备安装方法。若采用标准详图,则可以不画详图,只标出标准图集编号。图 8-31 所示为散热器的安装详图。

(三)采暖工程施工图的识读

1. 平面图的识读

室内采暖平面图主要表示管道、附件及散热器在建筑物平面上的位置以及它们之间的相互关系。平面图是采暖施工的主要图纸,识读时要掌握的主要内容和注意事项如下:

(1)了解建筑物内散热器(热风机、辐射板等)的平面位置、种类、片数以及散热器的安装方式(明装、暗装或半暗装)。

(2)了解水平干管的布置方式、干管上的阀门、固定支架、补偿器等的平面位置和型号以及干管的管径。

(3)通过立管编号查清系统立管数量和布置位置。

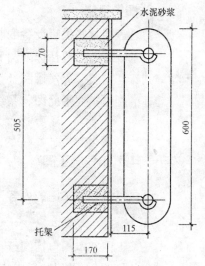

图 8-31 散热器的安装详图

(4)在热水采暖系统平面图上还标有膨胀水箱、集气罐等设备的位置、型号以及设备上连接管道的平面布置和管道直径。

(5)在蒸汽采暖系统平面图上还有疏水装置的平面位置及其规格尺寸。水平管的末端常积存有凝结水,为了排除这些凝结水,在系统末端设有疏水装置。另外,当水平干管抬头登高时,在转弯处也要设疏水器。识读时要了解疏水器的规格及疏水装置的组成。

(6)查明热媒入口及入口地沟情况。当热媒入口无节点图时,平面图上一般将入口装置组成的各配件、阀件,如减压阀、混水器、疏水器、分水器、分汽缸、除污器、控制阀门等管径、规格以及热媒来源、流向、参数等表示清楚。如果入口装置是按标准图设计的,则在平面图上注有规格及标准图号,识读时可按标准图号查阅标准图。如果施工图中画有入口装置节点图时,可按平面图标注的节点图编号查找热媒入口放大图进行识读。

2. 轴测图的识读

采暖系统轴测图表示从热媒入口至出口的管道、散热器、主要设备、附件的空间位置和相互关系。系统轴测图是以平面图为主视图,进行斜投影绘制的斜等轴测图。识读系统轴测图要掌握的主要内容和注意事项如下:

(1)采暖系统轴测图可以清楚地表达出干管与立管之间以及立管、支管与散热器之间的连接方式、阀门安装位置及数量,整个系统的管道空间布置等一目了然。散热器支管都有一定的坡度,其中供水支管坡向散热器,回水支管则坡向回水立管。要了解各管段管径、坡度坡向、水平管的标高、管道的连接方法,以及立管编号等。

(2)了解散热器类型及片数。光滑管散热要查明散热器的型号(A 型或 B 型)、管径、排数及长度;翼型或柱形散热器,要查明规格及片数以及带脚散热器的片数;其他采暖方式,则要查明采暖器具的形式、构造以及标高等。

(3)要查清各种阀件、附件与设备在系统中的位置,凡注有规格型号者,要与平面图和材料明细表进行核对。

(4)查明热媒入口装置中各种设备、附件、阀门、仪表之间的关系及热媒的来源、流向、坡向、标高、管径等。如有节点详图时,要查明详图编号。

3. 详图的识读

详图是表明某些供暖设备的制作、安装和连接的详细情况的图样。

室内采暖详图,包括标准图和非标准图两种。标准图包括散热器的连接和安装、膨胀水箱的制作和安装、集气罐和补偿器的制作和连接等,它可直接查阅标准图集或有关施工图。非标准图是指在平面图、系统图中表示不清而又无标准详图的节点和做法,则须另绘制出详图。

五、电气工程施工图

(一)电气工程施工图的内容

1. 基本图

电气施工图基本图包括图纸目录、设计说明、系统图、平面图、立(剖)面图(变配电工程)、控制原理图、设备材料表等。

(1)设计说明。在电气施工图中,设计说明一般包括供电方式、电压等级、主要线路敷设形式及在图中未能表达的各种电气设备安装高度、工程主要技术数据、施工和验收要求以及有关事项等。

设计说明根据工程规模及需要说明的内容多少,有的可单独编制说明书,有的因内容简短,可写在图面的空余处。

(2)主要设备材料表。列出该工程所需的各种主要设备、管材、导线管器材的名称、型号、规格、材质、数量。材料设备表上所列主要材料的数量,是设计人员对该项工程提供的一个大概参数,由于受工程量计算规则的限制,所以不能作为工程量来编制预算。

(3)电气系统图和主接线二次接线图。电气系统图主要表明电力系统设备安装、配电顺序、原理和设备型号、数量及导线规格等关系。它不表示空间位置关系，只是示意性地把整个工程的供电线路用单线联结形式来表示的线路图。通过识读系统图可以了解以下内容：

①整个变、配电系统的连接方式，从主干线至各分支回路分几级控制，有多少个分支回路。

②主要变电设备、配电设备的名称、型号、规格及数量。

③主干线路的敷设方式、型号、规格。

二次接线图（也叫控制原理图）主要表明配电盘、开关柜和其他控制设备内的操作、保护、测量、信号及自动装置等线路。它是根据控制电器的工作原理，按规格绘制成的电路展开图，不是每套施工图都有。

(4)电气平面图。电气平面图一般分为变配电平面图、动力平面图、照明平面图、弱电平面图、室外工程平面图，在高层建筑中有标准层平面图、干线布置图等。

电气平面图的特点是将同一层内不同安装高度的电气设备及线路都放在同一平面上来表示。通过电气平面图的识读，可以了解以下内容：

①了解建筑物的平面布置、轴线分布、尺寸以及图纸比例。

②了解各种变、配电设备的编号、名称，各种用电设备的名称、型号以及它们在平面图上的位置。

③弄清楚各种配电线路的起点和终点、敷设方式、型号、规格、根数，以及在建筑物中的走向、平面和垂直位置。

(5)控制原理图。控制电器是指对用电设备进行控制和保护的电气设备。控制原理图是根据控制电器的工作原理，按规定的线段和图形符号绘制成的电路展开图，一般不表示各电气元件的空间位置。

控制原理图具有线路简单、层次分明、易于掌握、便于识读和分析研究的特点，是二次配线的依据。控制原理图不是每套图纸都有，只有当工程需要时才绘制。

识读控制原理图应掌握不在控制盘上的那些控制元件和控制线路的连接方式。识读控制原理图应与平面图核对，以免漏算。

2. 详图

(1)构件大样图。凡是在做法上有特殊要求，没有批量生产标准构件的，图纸中有专门构件大样图，注有详细尺寸，以便按图制作。

(2)标准图。标准图是一种具有通用性质的详图，表示一组设备或部件的具体图形和详细尺寸，它不能作为独立进行施工的图纸，而只能视为某项施工图的一个组成部分。

(二)电气工程施工图的特点

电气工程施工图能够表达建筑中电气工程的组成、功能和电气装置的工作原理，提供安装、使用维护数据。电气工程施工图种类比较多，如平面图和接线图可表明安装位置和接线方法，电气系统图可表示供电关系，电气原理图可说明电气设备工作原理。建筑装修工程中常用的电气安装图有照明电气平面图、电气系统图、电路图、设备布置图、安装详图等几种，见表8-4。

表 8-4 电气工程施工图特点

序号	类别	特点
1	照明电气平面图	是表达各种家用照明灯具、配电设备(配电箱、开关)、电气装置的种类、型号、安装位置和高度,以及相关线路的敷设方式、导线型号、截面、根数及线管的种类、管径等安装所应掌握的技术要求
2	电气系统图	电气系统图是表现建筑室内外电力、照明及其他日用电器的供电与配电的图样。在家居的装饰装修中,电气系统图不经常使用。它主要是采用图形符号表达电源的引进位置,配电盘(箱)、分配电盘(箱)、干线的分布、各相线的分配、电能表和熔断器的安装位置、相互关系和敷设方法等。住宅电气系统图常见的有照明系统图、弱电系统图等
3	电路图	也可以称为接线图或配线图,是用来表示电气设备、电器元件和线路的安装位置、接线方法、配线场所的一种图。一般电路图包括两种,一种是属于住宅装修电气施工中的强电部分,主要表达和指导安装各种照明灯具、用电设施的线路敷设等安装图样;另一种是属于电气安装施工中的弱电部分,是表示和指导安装各种电子装置与家用电器设备的安装线路和线路板等电子元器件规格的图样
4	设备布置图	设备布置图是按照正投影图原理绘制的,用以表现各种电器设备和器件的平面与空间的位置、安装方式及其相互关系的图样。通常由水平投影图、侧立面图、剖面图及各种构件详图等组成
5	安装详图	安装详图是表现电气工程中设备的某一部分的具体安装要求和做法的图样。国家已有专门的安装设备标准图集可供选用

(三)电气工程施工图的绘制

1. 图线

电气照明施工图中各种图线的运用应符合表 8-5 中的规定。

表 8-5 电气施工图中常用的线型

图线名称		线型	线宽	一般用途
实线	粗	——————	b	本专业设备之间电气通路连接线、本专业设备可见轮廓线、图形符号轮廓线
	中粗	——————	$0.7b$	本专业设备可见轮廓线、图形符号轮廓线、方框线、建筑物可见轮廓
	中	——————	$0.5b$	
	细	——————	$0.25b$	非本专业设备可见轮廓线、建筑物可见轮廓;尺寸、标高、角度等标注线及引出线
虚线	粗	− − − − −	b	本专业设备之间电气通路不可见连接线;线路改造中原有线路
	中粗	− − − − −	$0.7b$	本专业设备不可见轮廓线、地下电缆沟、排管区、隧道、屏蔽线、连锁线
	中	− − − − −	$0.5b$	
	细	− − − − −	$0.25b$	非本专业设备不可见轮廓线及地下管沟、建筑物不可见轮廓线等

续表

图线名称		线型	线宽	一般用途
波浪线	粗	～～～	b	本专业软管、软护套保护的电气通路连接线、蛇形敷设线缆
	中粗	～～～	$0.7b$	
单点长画线		—·—·—	$0.25b$	定位轴线、中心线、对称线；结构、功能、单元相同围框线
双点长画线		—··—··—	$0.25b$	辅助围框线、假想或工艺设备轮廓线
折断线		—/\—	$0.25b$	断开界线

2. 安装标高

在电气工程施工图中，线路和电气设备的安装高度需要标注标高，通常采用与建筑施工图相统一的相对标高，或者相对本楼层地面的相对标高。

3. 图形符号和文字符号

在建筑电气施工图中，各种电气设备、元件和线路都是用统一的图形符号和文字符号表示的。应该尽量按照国家标准规定的符号绘制，一般不允许随意进行修改，否则会造成混乱，影响图样的通用性。对于标准中没有的符号可以在标准的基础上派生出新的符号，但要在图中明确加注说明。图形符号的大小一般不影响符号的含义，根据图面布置的需要也允许将符号按 90°的倍数旋转或成镜像放置，但文字和指向不能倒置。

4. 电气线路表示方法

常用电气线路表示方法见表 8-6。

表 8-6 电气工程施工图常用线路表示方法

电气线路表示方法	图示	说明
多线表示法	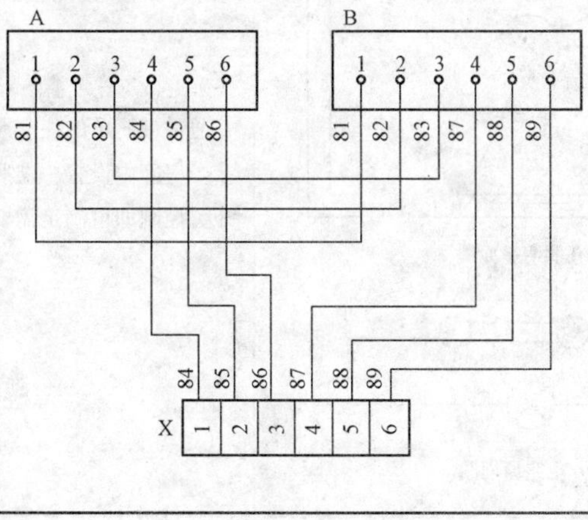 （图）	元件之间的连线是按照导线的实际走向一根一根地分别画出

续表

电气线路表示方法	图　示	说　明
单线表示法	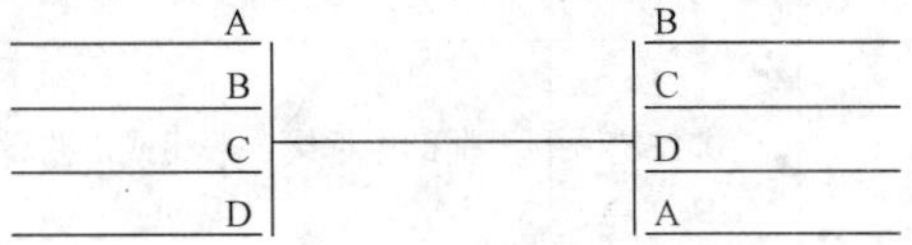 （图示：A、B、C、D 四条线合并为一条线，另一端为 B、C、D、A）	各元件之间走向一致的连接导线可用一条线表示，而在线条上画上若干短斜线表示根数，或者用一根短斜线旁标注数字表示导线根数（一般用于三根以上导线数），即图上的一根线实际代表一束线。某些导线走向不完全相同，但在某段上相同、平行的连接线也可以合并成一条线，在走向变化时，再逐条分出去，使图面保持清晰。单线法表示的线条可以编号
组合线表示法	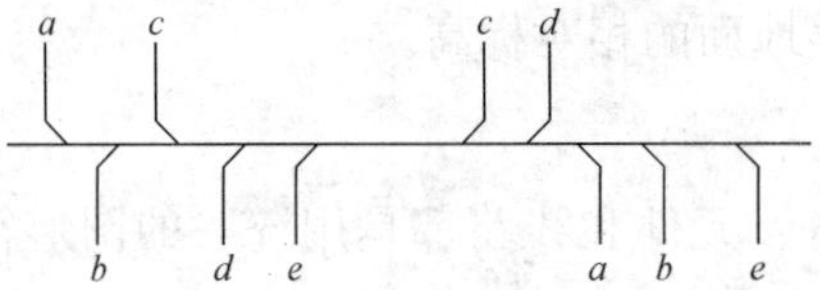 （图示：a c / b d e 与 c d / a b e 的组合线）	在同一图样中，必要时可以将多线表示法和单线表示法组合起来使用，在复杂连接的地方使用多线表示法，在比较简单的地方使用单线表示法。线路的去向可以用斜线表示，以方便识别导线的汇入与离开线束的方向

5. 电气设备表示方法

常见电气设备表示方法见表8-7。

表 8-7　电气工程施工图常见设备表示方法

设备表示方法	图　示	说　明
一个开关控制一盏灯	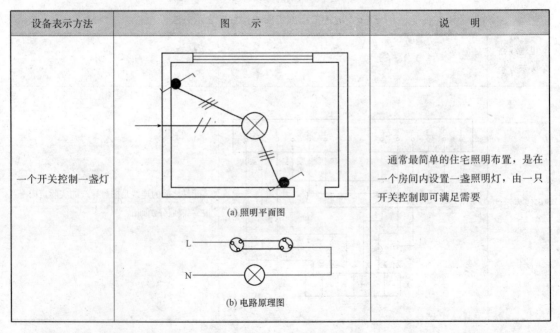 (a) 照明平面图 (b) 电路原理图	通常最简单的住宅照明布置，是在一个房间内设置一盏照明灯，由一只开关控制即可满足需要

续表

设备表示方法	图 示	说 明
	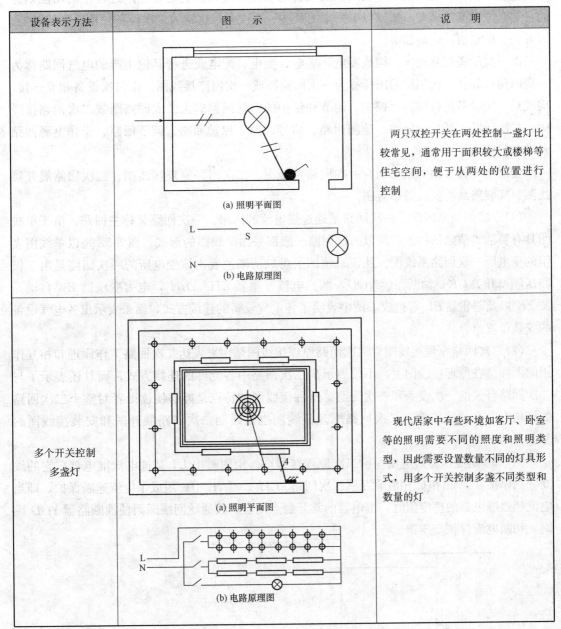 (a) 照明平面图 / (b) 电路原理图	两只双控开关在两处控制一盏灯比较常见，通常用于面积较大或楼梯等住宅空间，便于从两处的位置进行控制
多个开关控制多盏灯	(a) 照明平面图 / (b) 电路原理图	现代居家中有些环境如客厅、卧室等的照明需要不同的照度和照明类型，因此需要设置数量不同的灯具形式，用多个开关控制多盏不同类型和数量的灯

(四)电气工程施工图的识读

1. 变配电工程施工图的识读

电气设备根据它们在生产过程中的功能，分为一次设备和二次设备两大类。一次设备是指直接发、输、变、配电能的主系统上所使用的设备，如发电机、变压器、断路器、隔离开关、自动空气开关、接触器、刀开关、电抗器、电动机、避雷器、熔断器、电流互感器、电压互感器等；二次设备是指对一次设备的工作进行监测、控制、调节、保护以及为运行人员、维护人员提供运行情况或信号所需的电气设备，如测量仪表、继电器、操作开关、按钮、自动控制设备、电子计算机、信号设备以及供给这些设备电能的一些供电装置，如蓄电池、整流器等。以上一次或二次设备的划分只是按照它们在生产过程中的功能划分的，并未考虑其他因素，所以以上列举的某些一次设备，也常为二次设备使用，如接触器、刀开关、电动机、熔断器等。

由一次设备相互连接，构成发电、输电、变电、配电或进行其他生产的电气回路称为一次回路；表达一次回路的图样称为一次回路图或一次回路接线图。由二次设备相互连接，构成对一次设备进行监测、控制、调节和保护的电气回路称为二次回路图或二次回路接线图。二次回路包括控制回路、监测回路、信号回路、保护回路、调节回路、操作电源回路和励磁回路。

变配电工程常用的施工图有一次回路系统图、二次回路原理接线图、二次回路展开接线图、安装接线图及设备布置图。

(1)一次回路系统图。一次回路是通过强电流的回路。一次回路又称主回路。由于单线图具有简洁、清晰的特点，所以一次回路一般都采用单线图的形式。图 8-32 是以单线图表示的变电所一次回路系统图。从该系统图上可以清晰地看出该变电所的一次回路是由三极高压隔离开关 GK，油断路器 YOD，两只电流互感器 LH_a、LH_c，电力变压器 B，自动开关 ZK 以及避雷器 BL 等组成。图中表明了各电气设备的连接方式，而未表示出各电气设备的安装位置。

(2)二次回路原理接线图。二次回路原理接线图是用来表达二次回路工作原理和相互作用的图样。在原理接线图上，不仅表示出二次回路中各元件的连接方式，而且还表示了与二次回路有关的一次设备和一次回路。这种接线图的特点是能够使读图者对整个二次回路的结构有一个整体概念。二次回路原理接线图也是绘制二次回路展开图和安装接线图的基础。

图 8-33 是变压器过电流保护二次原理接线图。由图看出 LJ 是过电流继电器，它的线圈分别串接在 A 相和 C 相电流互感二次回路 $2LH_a$、$2LH_c$ 中，组成了电流速断保护，即当电流超过继电器的整定值时，继电器的常开触点闭合，接通跳闸线圈而使油断路器 YOD 跳闸，切断电流保护变压器。

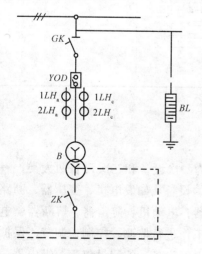

图 8-32　变电所一次回路系统图

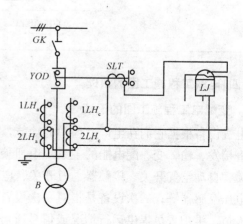

图 8-33　过电流保护二次原理接线圈

(3)二次回路展开接线图。展开图是按供电给二次回路的每一个独立电源来划分单元和进行编制的。例如交流电流回路、交流电压回路、直流操作回路、信号回路等。根据这个原则,必须将属于同一个仪表或继电器的电流线圈、电压线圈和各种不同功能的触点,分别画在几个不同的回路中。为了避免混淆,属于同一个仪表或继电器的各个元件(如线圈、触点等)采用相同的文字标号。

图 8-34 为二次电流回路展开图。在图上,每个设备的线圈和接点并不画在一起,而是按照它们所完成的动作——排列在各自的回路中。

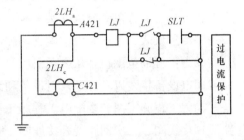

图 8-34 二次电流回路展开图

(4)安装接线图。为了施工和维护的方便,在展开图的基础上,还应绘制安装接线图,用来表达电源引入线的位置,电缆线的型号、规格,穿管直径;配电盘、柜的安装位置、型号及分支回路标号;各种电器、仪表的安装位置和接线方式。安装接线图是现场安装和配线的主要依据。安装接线图一般包括盘面布置图、盘背面接线图和端子排图等图样。

①盘面布置图。盘面布置图是加工制造盘、箱、柜和安装盘、箱、柜上电器设备的依据。盘、箱、柜上各个设备的排列、布置是根据运行操作的合理性并适当考虑到维修和施工的方便而安排的。

②盘背面接线图。盘背面接线图是以盘面布置图为基础,以原理接线图为依据而绘制的接线图,它表明了盘上各设备引出端子之间的连接情况以及设备与端子排间的连接情况,它是盘上配线的依据。

③端子排图。端子排图是表示盘、箱、柜内需要装设端子排的数目、型号、排列次序、位置以及它与盘、箱、柜上设备和盘、箱、柜外设备连接情况的图样。

(5)设备布置图。在一次回路系统图中,通常不表明电气设备的安装位置,因此需要另外绘制设备布置图来表示电气设备的确切位置。在设备布置图上,每台设备的安装位置、具体尺寸及线路的走向等都有明确表示。设备布置图一般可分为设备平面布置图和立(剖)面图两种图样,它是设备安装的主要依据。

2. 电气照明工程施工图的识读

电气照明工程施工图,主要是表示电气照明设备、照明器具(灯具、开关等)安装和照明线路敷设的图样。电气照明工程施工图常用的有电气照明系统图、平面图和详图等。

(1)电气照明系统图。电气照明系统图主要是反映整个建筑物内照明全貌的图样,表明导线进入建筑物后电能的分配方式、导线的连接形式,以及各回路的用电负荷等。

(2)电气照明平面图。电气照明平面图是表达电源进户线、照明配电箱、照明器具的安装位置,导线的规格、型号、根数、走向及其敷设方式,灯具的型号、规格以及安装方式和安装高度等的图样。它是照明施工的主要依据。

(3)施工详图。施工详图,是表达电气设备、灯具、接线等具体做法的图样。只有对具体做法有特殊要求时才绘制施工详图。一般情况可按通用或标准图册的规定进行施工。

(4)照明工程施工图的识图步骤。电气照明工程施工图的识读步骤,一般是从进户装置开始到配电箱,再按配电箱的回路编号顺序,逐条线路进行识读直到开关和灯具为止。

3. 动力工程施工图的识读

动力工程是用电能作用于电机来拖动各种设备和以电能为能源用于生产的电气装置,如高、低压交、直流电机,起重电气装置,自动化拖动装置等。动力工程由成套定型的电气设备,小型的或单个分散安装的控制设备(如动力开关柜、箱、盘及闸刀开关等)、保护设备、测量仪表、母线架设、配管、配线、接地装置等组成。

动力工程的范围包括从电源引入开始经各种控制设备、配管配线(包括二次配线)到电机或用电设备接线以及接地及对设备和系统的调试等。

动力工程施工图和变配电工程施工图基本相同,主要图样有一次回路系统图、二次回路原理接线图、二次回路展开接线图、安装接线图、平面布置图及盘面布置图等。

本章小结

建筑装饰施工图是用于表达建筑物室内室外装饰要求的图样。它以透视效果图为主要依据,用正投影等投影法反映建筑的装饰结构、装饰造型、饰面处理,以及家具、陈设、绿化布置内容。图纸内容一般有装饰设计说明、平面布置图、楼地面平面图、装饰平面图、顶棚平面装饰立面图、装饰剖面图及详图、装饰工程典型结构图、装饰工程设备安装施工图等。在制图与识图上,建筑装饰工程图有其自身的规律,其图样组成、施工工艺及细部做法的表达等都与建筑工程图有很大区别。

复习思考题

一、填空题

1. 建筑室内装饰施工的内容主要包括_____、_____、_____。
2. 详图索引主要包括_____和_____两种方式。
3. 建筑装饰平面布置图主要包括_____、_____、_____、_____及_____。
4. 顶棚平面图一般不图示门扇及其开启方向线,只图示_____。
5. 装饰造型详图一般由_____、_____、_____及_____组成。

二、选择题

1. 一般习惯将( )m以上高度的、用饰面板(砖)饰面的墙面装饰形式称为护壁。
   A. 1.2　　　　B. 1.3　　　　C. 1.4　　　　D. 1.5
2. 顶棚平面图中的墙柱轮廓线用( )表示。
   A. 虚线　　　　B. 细实线　　　　C. 中实线　　　　D. 粗实线

3. 地面装饰图中的楼地面分格用（　　）表示。
   A. 虚线　　　　B. 细实线　　　C. 中实线　　　D. 粗实线
4. 标注索引符号和编号、图样名称和制图比例，其作图比例一般都不宜小于（　　）。
   A. 1：25　　　B. 1：50　　　C. 1：100　　　D. 1：150
5. 在装饰详图中剖切到的装饰体轮廓用粗实线，未剖到但能看到的投影内容用（　　）表示。
   A. 虚线　　　　B. 细实线　　　C. 中实线　　　D、粗实线

三、简答题

1. 什么是建筑装饰施工图？如何分类？
2. 试述建筑装饰平面图的内容。
3. 试述建筑装饰立面图的内容。
4. 如何进行建筑装饰立面图的识读？
5. 建筑装饰工程设备安装施工图的内容主要有哪些？

参 考 文 献

[1] 毛家华，莫章金，等. 建筑工程制图与识图[M]. 北京：高等教育出版社，2002.
[2] 房志勇. 房屋建筑构造学[M]. 北京：中国建材工业出版社，2004.
[3] 张宗森. 建筑装饰构造[M]. 北京：中国建筑工业出版社，2006.
[4] 闫立红. 建筑装饰识图与构造[M]. 北京：中国建筑工业出版社，2004.
[5] 高远. 建筑装饰制图与识图[M]. 北京：机械工业出版社，2004.
[6] 谭伟. 建筑制图与阴影透视[M]. 北京：中国建筑工业出版社，1998.
[7] 高远. 建筑装饰图[M]. 北京：中国建筑工业出版社，2007.
[8] 间成德. 建筑装饰识图[M]. 北京：机械工业出版社，2008.
[9] 罗良武. 建筑装饰装修工程制图识图实例导读[M]. 北京：机械工业出版社，2010.
[10] 顾世权. 建筑装饰制图[M]. 北京：中国建筑工业出版社，2000.
[11] 中华人民共和国住房和城乡建设部. GB/T 50001—2010 房屋建筑制图统一标准[S]. 北京：中国计划出版社，2011.
[12] 中华人民共和国住房和城乡建设部. JGJ/T 244—2011 房屋建筑室内装饰装修制图标准[S]. 北京：中国建筑工业出版社，2011.